COMBAT-WAFFEN · COMBAT-SCHIESSEN · COMBAT-TAKTIK

JAN BOGER

COMBATWAFFEN
COMBATSCHIESSEN
COMBATTAKTIK

MOTORBUCH-VERLAG STUTTGART

Umschlagzeichnung: Carlo Demand
Einband und Umschlagkonzeption: Siegfried Horn

ISBN 3-87943-444-1

5. Auflage 1990
Copyright © by Motorbuch Verlag, Postfach 10 37 43, 7000 Stuttgart 10.
Ein Unternehmen der Paul Pietsch-Verlage GmbH & Co.
Sämtliche Rechte der Verbreitung – in jeglicher Form und Technik – sind vorbehalten.
Satz und Druck: Rung-Druck, 7320 Göppingen.
Bindung: Verlagsbuchbinderei Karl Dieringer, 7016 Gerlingen.
Printed in Germany.

Inhalt

Einleitung	9
Der Schußwaffenträger	11
Die Schußwaffe im militärischen Bereich	12
Der Zivilist	14
Die Polizei	16
SWAT-Teams, das letzte Mittel	17
Die Combatwaffen oder:	
Auf der Suche nach der idealen Waffe	19
Eine uralte Streitfrage:	
Pistole oder Revolver	20
Der Revolver; oder Alter vor Schönheit?	22
Die Selbstladepistole	41
Zur Frage der Munition in Feuerwaffen	52
Welche Waffe für welchen Zweck	55
Die Maschinenpistole	56
Die ewige Braut: Das Gewehr	69
Präzisionsgewehr	79
Schrotflinte: »ultima ratio«?	81
Das Maschinengewehr –	
Sinnbild deutscher Polizeitragödie	86
Das Gesetz und die Combatsituation	91
Voraussetzung des Schußwaffengebrauches	92
Safety First!	94
Combattraining, Combatschießen und Combatpraxis	98
Die Anschlagsarten und Schußpositionen	100
– Der gezielte Schuß	
Äußere Faktoren	
a) Wind, b) »Mirage« oder Luftflimmern	
c) Temperatur, d) Licht, e) Luftfeuchtigkeit,	
f) Erdanziehungskraft	102
– Verhaltensweisen des Schützen	
a) Körperposition, b) Atmung, c) Zielen	
d) Abzugkontrolle, e) Handhaltung	
und Waffenauflage	104
Die Grundstellungen des gezielten Schusses	
mit Langwaffen	109
im Knien, im Sitzen, stehend freihändig	115

Der gezielte Schuß mit Faustfeuerwaffen	131
stehend, kniend, sitzend, liegend	132
Der instinktive Schuß – »Deutschuß«	141
Die Grundpositionen und Techniken für den Schuß mit der Faustfeuerwaffe	145
Langwaffen und instinktives Schießen	155
Laden, Spannen, Nachladen – Probleme der Praxis	171
Tragen und Einsatzbereitschaft der Waffen	180
Holster und Trageweise für Faustfeuerwaffen	186
Combatschießtraining – 1. Phase	193
Combatwirklichkeit und Training	196
Combatschießtraining – 2. Phase	202
Nachtschießen	216
Der Verhalten im Gelände	220
Das Absuchen eines Gebietes	229
Eindringen und Feuergefecht in Gebäuden und Räumen	252
Schußwaffen und Fahrzeuge	241
Einsatzsituationen und wie man ihnen begegnet	249
Spezialisten für besondere Aufgaben: Scharfschützen, SWAT-Teams, Sicherheitsbeamte	256
SWAT-Teams: Aufbau und Arbeitsweise, Spezialgerät und Hilfsmittel für die Terrorbekämpfung	259

*Gewidmet: First Sergeant Jehoshua Attias,
genannt »Schukri«,
gefallen vor Serapeom, Ägypten, am 19. Oktober 1973*

Einleitung

In den letzten Jahren ist das Interesse an dem, was man allgemein als »Combatschießen« bezeichnet, im europäischen und vor allem im deutschsprachigen Raum sprunghaft angestiegen. Unter Combatschießen versteht man die Technik des instinktiven Schießens in Notwehr und den zweckmäßigsten Gebrauch von Handfeuerwaffen im Angriff. Der Begriff Combatschießen wurde durch Veröffentlichungen in der Fachliteratur und vereinzelt in der Tagespresse populär gemacht, ausgelöst durch spektakuläre terroristische Zwischenfälle und durch das Anwachsen einer gewalttätigen Kriminalität, die durch den Schußwaffengebrauch gekennzeichnet war. Dies gab Anlaß zu erregten Diskussionen, in denen oft recht unterschiedliche Meinungsäußerungen auftraten. Einerseits wurde das Combatschießen als eine willkommene Abwechslung der starren Formen des Sportschießens, als eine Möglichkeit zum Training von Reaktionsfähigkeit und Körperbeherrschung und zur besseren Handhabung der Schußwaffe gesehen. Andererseits wurde darin das Heranzüchten von »Killerinstinkten« und von Kriminellen befürchtet.
Es entstanden »Combat-Clubs« und Kurse. Nach einigen Fehlleistungen auf dem Gebiet der Terror- und Verbrechensbekämpfung, die in der Öffentlichkeit Kritik auslösten, entschlossen sich nach und nach auch Polizeibehörden, diese Schießtechnik einzuführen.
Das vorliegende Buch soll den Bereich des kampfmäßigen Schußwaffengebrauchs von allen Seiten beleuchten, es soll zum besseren Verständnis beitragen und zur Wissensbereicherung all jener dienen, die aufgrund ihres Berufes oder ihrer Lebensinteressen mit Schußwaffen und deren Problematik konfrontiert sind.
Während sich der erste Teil des Buches mit den in Frage kommenden Waffen, Bestimmungen und Situationen, den Schießtechniken und dem Training auseinandersetzt, liegt der Schwerpunkt des zweiten Teils auf dem Gebiet der Terroristen- und Kriminellenbekämpfung, also der Taktik der bewaffneten Auseinandersetzung.
Den Ansichten, die in diesem Buch vertreten werden, liegen Erfah-

rungen zugrunde, die an den Krisenherden unserer Zeit gewonnen und ausgewertet wurden, sei es in Vietnam, in Nahost oder in den Straßen von Detroit. Persönliche und Erlebnisse Dritter wurden verwertet, um eine umfassende Behandlung der Problematik zu gewährleisten, wobei Teilbereiche, durch Umfang und Rahmen des Buches bedingt, unbehandelt, bleiben mußten.

Eine besondere Schwierigkeit ergab sich aus dem Fehlen passender kurzer deutscher Begriffe. Es ließ sich nicht vermeiden, daß englische, bzw. amerikanische Ausdrücke übernommen oder »verdeutscht« wurden. Im Anhang wurde eine Zusammenstellung dieser Begriffe und der benutzten Abkürzungen eingefügt.

Dieses Buch wendet sich an die Personen, die zur Verteidigung ihres Lebens und Eigentums eine Schußwaffe führen, oder denen die Sicherheit anderer von Berufs wegen anvertraut ist; Polizisten, Soldaten, Sicherheitsbeamte.

Und es ist damit gegen alle gerichtet, die aus unlauteren Motiven, eigennütziger oder politischer Natur, das Leben anderer Menschen bedrohen oder gefährden und gewaltsame Konfrontationen heraufbeschwören.

Der Schußwaffenträger

Um klare Abgrenzungen zu schaffen, ist es notwendig eine Definition der verschiedenen Anwendungsbereiche von Schußwaffen zu schaffen, die es uns erlaubt, Kampftechnik, Ausrüstung und Bewaffnung der verschiedenen Trägergruppen und ihre Entwicklung zu verstehen sowie Notwendigkeiten und Anwendungsmöglichkeiten gegeneinander abzugrenzen und zu erläutern.
Als »Schußwaffenträger« wird allgemein derjenige bezeichnet, der eine Waffe im gebrauchsfähigen Zustand mit sich führt oder besitzt. Wer jedoch über Funktion, Wirkung und Anwendung seiner Waffe nicht hundertprozentig Bescheid weiß, muß als ebenso gemeingefährlich angesehen werden, wie jemand, der sich z. B. ohne Fahrschule an das Steuer eines Kraftfahrzeugs setzt und in den Verkehr wagt.
Die folgende Unterteilung in vier Bereiche: Militär, Zivil, Polizei und Einsatz-Kommandos (in den USA = SWAT) sind nur ein grobes Schema, das naturgemäß Überschneidungen mit sich bringt. Dies hat in der Vergangenheit wiederholt zu schweren Zwischenfällen geführt. Der Einsatz von Militär bei Polizeiaufgaben (Unterdrückung, Demonstrationen und Aufruhr) ist kein Ideal-Zustand und hat schon mehrfach sinnlose Todesopfer gefordert. Zum Beispiel beim Einsatz von Nationalgardisten bei den Demonstrationen an der amerikanischen Universität von Kent im Bundesstaat Ohio. Andererseits bringt die Aufstellung von Bürgermilizen, d. h., von zivilen Freiwilligen für Polizei- und Ordnungsaufgaben, ähnliche Probleme mit sich. Daraus wird klar, daß die Grundlage jeglicher Bewaffnung eine ausführliche Schulung sein muß, die auch über Möglichkeiten, Grenzen und Konsequenzen aufzuklären hat. Weiterhin hat die Übernahme von militärischem Personal in den Polizeidienst zu falschen Denkweisen geführt, was sich insbesondere in Deutschland bezüglich einer fehlgeleiteten Polizeibewaffnung und -ausbildung gezeigt hat.
Auf der anderen Seite führte auch die Ablehnung militärischer Komponenten, wie sie in einigen Bereichen der Polizei, z. B. im Ausrü-

stungs- und Bekleidungswesen angestrebt wurde, um das Zivile dieser Organisation zu unterstreichen, zu wesentlichen Fehlentwicklungen. Erwähnt seien in diesem Zusammenhang die polizeilichen Dienstkoppel und das Holster, das an sich schon lebensgefährlich ist. Es gibt aber auch Erfahrungen und Verhaltensweisen, die vom militärischen Bereich auf die Polizei übertragen werden können, wie später noch bewiesen wird.

Das Sport- und Jagdschießen wird im Rahmen dieses Buches nur angedeutet, da es sich hierbei um eine rein sportliche Freizeitbetätigung handelt.

DIE SCHUSSWAFFE IM MILITÄRISCHEN BEREICH

Der Soldat trägt seine Schußwaffe zur Erfüllung des Kampfauftrages, zum Schutz der Nation, des Volkes und der politischen Ordnung seines Heimatlandes.

Mit der zunehmenden Technisierung des Krieges ist die persönliche Waffe des Soldaten, das Gewehr, Maschinengewehr, die Faustfeuerwaffe oder die Maschinenpistole nur noch indirekt ein Kampfmittel. Sie dient mehr dem persönlichen Schutz. Außer den Infanteristen, auf die später noch Bezug genommen wird, führt eine große Anzahl von Angehörigen moderner Streitkräfte den Krieg durch Bedienung ihrer Geräte, wie Panzer, Geschütze, Raketen, in den Nachschubeinheiten oder gar vom Schreibtisch aus.

Obwohl durch die Entwicklung der Technologie und der Materialschlachten schon mehrfach totgesagt, ist die Infanterie, die einseitige »Königin des Schlachtfeldes«, immer noch einer der Hauptträger des Kampfes. Jüngste Erfahrungen prophezeien eine erneute Vorrangstellung des »Fußsoldaten«. Wie kein anderer muß er seine gesamte Person einsetzen, um sich selbst am Leben zu halten und um seine Aufgabe im Gefecht zu erfüllen. Oder, um mit Oberst Weeks zu sprechen: Nachdem Generäle planten, Armeen gemustert wurden, die Artillerie ihr Wort hatte und die Panzer sich bewegten, ist es letztlich der Mann am Boden mit dem Gewehr in der Hand, der das feindliche Gebiet besetzt und »den anderen Kerl aus seinem Loch herausholt und ihn dazu bringt, den Friedensvertrag zu unterschreiben.«[1]

Aus diesem Grund hat auch die Weiterentwicklung der Infanteriewaffen eine führende Rolle in der Waffengeschichte übernommen. Sie lenkt bestimmt die Schußwaffentechnik und erregt oft die Gemüter, berechtigt oder unberechtigt, wenn es um die Bewaffnung von Polizei, Sicherheitspersonal oder von Einzelpersonen geht.

Der Kampfauftrag eines Infanteristen bezieht sich in den meisten Fällen auf die Eroberung oder das Halten einer Stellung im offenen oder bebauten Gelände, gleichgültig ob es sich um Schützengräben, Bunker oder eine Stadt handelt. Zu diesem Zweck kämpft er im Verband, d. h. im Team, in der Gruppe, im Zug oder in der Kompanie, in deren Rahmen er Träger der Feuerkraft ist. Die Feuerkraft eines Verbandes setzt sich aus der Anzahl seiner Gewehre, Maschinenpistolen, MGs und anderer Kampfmittel wie Hand- und Gewehrgranaten, Sprengsätzen, Grabenmörsern und Raketen (Panzerfaust, Bazooka, AA-Rak.) zusammen, deren Koordination dem Führer des Verbandes und deren richtige Benutzung den einzelnen Kämpfern obliegt. Daraus ergibt sich die Wechselbeziehung, daß z. B. ein guter MG-Schütze erfolglos bleibt, wenn er falsch eingesetzt ist und das bestplazierte MG unwirksam ist, wenn es von schlecht ausgebildeten Soldaten bedient wird. Was die Maxime erhärtet, daß es keine schlechten Soldaten, sondern nur schlechte Kommandeure gibt.

Hauptaufgabe des Soldaten ist die Vernichtung des gegnerischen Angriffs- bzw. Verteidigungspotentials, d. h. die Zerstörung des Geräts, die Demoralisierung und Ausschaltung der feindlichen Truppen, was in letzter Konsequenz auf das Töten des Gegners hinausläuft. Um die in jedem normalen Menschen vorhandene Hemmung vor dem Töten abzubauen, entwickelten und entwickeln politische Systeme und Nationen einen ganzen Überbau von Ideologien und Geschichtsdarstellungen die meist ein verzerrtes und hassenswertes Feindbild erzeugen.

Erleichtert wird der Abbau dieser Hemmungen häufig durch eine unkritische, fanatische Erziehung und durch die Angst des in einem Kriege kämpfenden Menschen um Leben und Gesundheit. Aus dieser Angst heraus werden die meisten »Feinde« getötet.

Dazu kommt, daß die meisten Armeen und Staaten das Töten im Kriege honorieren, durch Orden, Auszeichnungen oder gar wie bei DDR-Grenzsoldaten, durch (Abschuß-)Prämien.

Es gibt nur wenige Staaten und Armeen, die eine solche Belohnung ablehnen (z. B. Israel).

Besonders problematisch wird die Aufgabe des Infanteristen, wenn er zu Sicherungsaufgaben abgestellt wird, oder wenn er, wie im Guerillakrieg, den gegnerischen Kämpfer von der Zivilbevölkerung unterscheiden muß. Hier versagt die herkömmliche Kriegsführung, und neue Mittel und Taktiken müssen gefunden werden, um eine selektive Kampfesführung zu erreichen: z. B. Bekämpfung der gegnerischen Partisanen oder Guerillas bei gleichzeitiger Schonung der Zivilbevölkerung. Mehrere Staaten und Armeen z. B. in Irland, Nahost, Indochina, Südafrika und andere sind heute in einen solchen Kampf verwickelt. Eine auffallend große Zahl von Staaten, auch in Europa, steht kleinen Kernen von politisch Motivierten gegenüber, die den Machtwechsel im Lande mit Hilfe von anarchistischen und terroristischen Gewalttaten herbeiführen wollen. Die Armee mit ihrem Potential zur Abwehr von Massenangriffen (Maschinenwaffen), gepanzerten Aktionen und Luftangriffen kann hier keine Lösung bieten, und jeder Einsatz von Truppen zur Wiederherstellung der Ordnung oder zur Bekämpfung von Aufruhr und Demonstrationen (engl.: riot-control) kann nur ein Provisorium bleiben.

DER ZIVILIST

In der geschichtlichen Entwicklung der Länder gab es eine Periode, in welcher der freie Mann eine Waffe als Statussymbol trug, wegen der unsicheren Verhältnisse und des Fehlens staatlicher Sicherheitsorgane. Die Zeiten änderten sich, die Waffe als Symbol wich dem Auto und der Staat richtete einen Polizeiapparat ein, der jedem Bürger das Gefühl von Sicherheit und Ordnung gab. Es gab aber weiterhin nicht wenige Menschen, die sich Waffen aus Sammlerleidenschaft, aus technischem Interesse oder zum Schutz ihres Lebens und Eigentums anschafften. Unter ihnen befanden sich alte Damen, die durch Schlagzeilen der Tagespresse verschreckt waren, sowie nüchtern denkende Geschäftsleute, die sich wegen der in ihrem Besitz befindlichen Werte gefährdet sahen.
Im Zuge des Fortschritts, der Bevölkerungszentralisierung und des zunehmenden Verkehrs weitete sich der Tätigkeitsbereich der Polizei aus. Der Schutzmann an der Ecke verschwand und wurde ersetzt durch motorisierte Streifen, mit denen man fast nur zur Entgegennahme von Strafmandaten in Kontakt kam. Die durch solziale Miß-

stände, den Rückgang religiöser Traditionen und die allgemeine Diskrepanz zwischen arm und reich hervorgerufene sprungartig ansteigende Kriminalität konnte von einer überforderten Polizei nicht mehr verhindert werden. Die Polizei wurde zum Ahnder von Delikten, und das Gefühl von Sicherheit und Ordnung verblaßte bei den Bürgern. Die Gruppe der zivilen Schußwaffenträger, die zunehmend durch diese Situation entsteht, zeigt eine breite Skala von Personengruppen z. B. Politiker, die sich zum Schutz gegen Terroristen bewaffnen, exponierte Geschäftsleute oder Besitzer abgelegener Anwesen. Der gemeinsame Nenner, auf den sich alle diese Menschen bringen lassen, ist das Bedürfnis, Leben, Familie und Eigentum zu schützen. Die spezifischen Erfordernisse an die benötigten Waffen sind unterschiedlich gegenüber den Anforderungen an militärische Waffen, hervorgerufen durch die Notwendigkeit, die Waffe verdeckt tragen zu müssen. Für den Selbstschutz, d. h. für den Gebrauch einer Notwehrsituation, ist daher die Faustfeuerwaffe in den meisten Fällen angemessen und ausreichend. Die Wahl des wirksamsten Kalibers wird durch die Größe und das Gewicht der Pistole oder des Revolvers stark eingeengt, weil der Träger im normalen Tagesablauf nicht übermäßig behindert sein soll.
Die nähere Erläuterung dieser Problematik wird in den folgenden Kapiteln über die Combatwaffen durchgeführt.
Die Situationen, in denen sich ein Bürger zum Gebrauch einer Schußwaffe zur Verteidigung genötigt sieht, ist im wesentlichen begrenzt auf Überfälle, tätliche Angriffe und Einbrüche. In den wenigsten Fällen wird dem Bürger die Initiative überlassen sein. Er ist gezwungen, Schrecksekunde oder Schock zu überwinden, die Waffe zu ziehen und zu benutzen. Der ihm zur Verfügung stehende Zeitraum ist auf wenige Sekunden bzw. Sekundenbruchteile begrenzt. Seine Reaktionsfähigkeit wird beeinflußt durch Aufregung, Angst und oft durch den Schock des Erlebten, so daß die Notwehrhandlung zumeist eine rein instinktive Reaktion ist, abhängig von der Schulung dieses Instinktes.
Daraus folgt, daß jemand, der zwar eine Waffe zur Verteidigung trägt, nicht aber mit ihr situationsgerecht übt, eine Gefahr für sich selbst und seine Umwelt darstellt, wenn er in eine Notwehrsituation gerät. Er wird die Waffe zu langsam ziehen, falsch in den Anschlag bringen, vielleicht sogar vergessen zu entsichern, durchzuladen, oder aus Schußangst oder der verständlichen Hemmung vor dem Töten zögern zu schießen. Verhaltensweisen also, die im Fall des bewaffneten An-

griffs dem Selbstmord gleichkommen. Oft genug wollte ein Angreifer seine Waffe nur als Drohmittel einsetzen (Eigentumsdelikte!) und schoß erst, als er sich in der Falle sah. Wer eine Waffe zur Verteidigung zieht und dann zögert zu schießen, hätte sie besser nie kaufen und tragen sollen. Er beschwört eine Eskalation herauf, ohne in der Lage zu sein, die entstehende Situation unter Kontrolle zu halten.

DIE POLIZEI

Die Polizei als ein Executivorgan der Staatsmacht ist zur Durchführung ihres Auftrages mit einer Reihe von Einsatzmitteln ausgerüstet, als deren letzte Möglichkeit, als »ultima ratio«, die Schußwaffe gilt. Aufgabe der Polizei ist es, Gesetzesüberschreitungen, Vergehen und Verbrechen nach Möglichkeit zu verhindern oder zu ahnden, d. h. den Täter dem Richter zur Verurteilung und Bestrafung zu übergeben. Daraus ergibt sich, daß der Polizist nur in Notwehr, zum Schutze Dritter oder zur Verhinderung der Flucht von der Schußwaffe Gebrauch macht. Das »Gesetz über die Ausübung des unmittelbaren Zwanges« regelt den Schußwaffengebrauch in zwar ausführlicher aber auch komplizierter Weise. Für den Polizisten wird eine Situation, die das Schießen erfordert, erschwert – durch die mögliche Anwesenheit Unbeteiligter, deren Leben geschützt, nicht aber gefährdet werden soll. Die Entscheidung zum Waffengebrauch muß in Bruchteilen von Sekunden getroffen werden. Vorkommnisse in der Vergangenheit haben gezeigt, daß nicht jeder Beamte diesem psychologischen Druck gewachsen ist. Die Schuld an Fehlhandlungen trifft in diesen Fällen oft nicht den Polizeischützen, sondern seine Vorgesetzten, die ihn nicht entsprechend ausgebildet und ausgerüstet in eine derartige Situation kommen ließen. Die Schießausbildung der deutschen Polizei hat sich in der Vergangenheit als unzureichend erwiesen. Das gleiche trifft teilweise auf die Ausrüstung und Bewaffnung zu. Wie schon erwähnt, war die Übernahme militärischen Personals und militärischer Erfahrungs- und Denkweisen Hauptschuld an dieser Entwicklung, die zu beklagenswerten und vermeidbaren Todesopfern führte.
Ein Hauptaugenmerk der folgenden Kapitel dieses Buches soll auf das Vermeiden von solchen Zwischenfällen gerichtet sein, und wenn

von Todesopfern die Rede ist, so wird nicht nur an erschossene Polizisten, sondern auch an erschossene Verbrecher gedacht, denn nichts, absolut nichts berechtigt in einem demokratischen Rechtsstaat zur Tötung eines Menschen. Es gibt Situationen, da erscheint diese Konsequenz unumgänglich und unausweichbar und daher entschuldbar; aber trotzdem wird der Tod selbst eines Gewaltverbrechers nicht zum Recht.

Auf der anderen Seite ist der Staat verpflichtet, seinem Executivorgan, der Polizei, die bestmöglichen Mittel in die Hand zu geben, um ihm die Ausführung seines Auftrages optimal zu ermöglichen. Im Rahmen der Bewaffnung heißt das:

Unkomplizierte, präzise und wirksame Waffen und Munition in Verbindung mit einer ausreichenden Ausbildung und einer bequemen und individuellen Ausrüstung in Form von Koppeln und Holstern.

Ein hervorragendes Beispiel für gute Ausrüstung und Bewaffnung sind die amerikanischen Police Departments, die es in vielen Fällen ihren Beamten selbst überlassen, mit welcher Waffe und welcher Koppeltrageweise sie in den Dienst gehen.

SWAT-TEAMS, DAS LETZTE MITTEL

Die amerikanische Abkürzung *SWAT* steht für »Special Weapons and Tactics« und bezeichnet jene Gruppe von Polizeibeamten, die dann eingesetzt werden, wenn alle anderen Möglichkeiten erschöpft wurden: bei der Bekämpfung von Terroristen, Geiselattentätern und von Schwerverbrechern. Diese Teams, die nach amerikanischem Vorbild auch in anderen Ländern aufgebaut wurden, entwickelten sich unter dem Eindruck einer neuen Art von Gewalttätigkeit, dem innerstaatlichen und städtischen Terrorismus. Junge politische Fanatiker, meist marxistisch beeinflußter Herkunft mit Handlungs- und Aktionsformen, die sich am Beispiel des lateinamerikanischen Tupamaro oder der Fedayin ausgerichtet haben, repräsentieren diese neue Form einer politisch motivierten Kriminalität. Sie zeichnet sich aus durch rücksichtsloses Vorgehen gegen den Staat oder ein politisches System unter Benachteiligung oft unbeteiligter Zivilpersonen, die als

Geiseln bei Flugzeugentführungen, Überfällen und Attentaten gefährdet und sogar getötet werden. Gewöhnliche Verbrecher übernahmen diese Formen, und im Zuge mehrerer politischer Gewaltakte ereigneten sich kriminelle Folgeverbrechen, denen sich die Polizei mit ihren herkömmlichen Mitteln machtlos gegenüber sah. So entstanden in den USA in der zweiten Hälfte der sechziger Jahre die ersten Spezialistengruppen, denen dann auch in Deutschland nach dem Fiasko von Fürstenfeldbruck »Mobile Einsatz-Kommandos« (MEK) folgten, die immer dann eingesetzt werden, wenn das Leben Dritter durch Verbrecher politischer und krimineller Motivation in unmittelbare Gefahr gebracht wird.

Innerhalb der Polizeiarbeit bilden die SWAT-Teams eine Sondergruppe, die auch dadurch eine spezielle Rolle haben, daß praktisch mit dem Moment ihres Einsatzes bei einer Geiselnahme das Schicksal der Attentäter beschlossen ist, sobald die Verhandlungen fehlschlagen. Diese Schlußfolge muß im Zusammenhang mit der Rettung der Geisel gesehen werden, der vordringlichsten Aufgabe der SWAT-Teams.

Vorwürfe, in Presse und politischen Diskussionen, dieses komme einer indirekten Wiedereinführung der Todesstrafe gleich, sind unsachlich und politisch tendenziös. Die Erfahrung hat gelehrt, daß die Tendenz zum Nachgeben Folgeverbrechen nach sich zog, was die Bundesrepublik zu einem bevorzugten Aktionsfeld lokaler und internationaler Terroristen werden ließ.

In einigen Ländern wurden die SWAT-Gruppen aufgrund ihrer Einsatzweise, die dem eigentlichen Polizeicharakter fremd ist, der Armee unterstellt und aus Spezialisten der Streitkräfte rekrutiert. Fast überall sind diese Kontingente aber höchsten politischen Stellen untergeordnet und bekommen ihre Einsatz- und Angriffsbefehle oft direkt vom Kabinett oder vom Regierungsoberhaupt.

Ihre Art, in das Geschehen einzugreifen, ist offensiv. Ihre Selbstsicherheit und Erfolge sind auf die besondere Ausbildung, Ausrüstung und Erfahrung zurückzuführen, die ihnen den Mut und das Selbstvertrauen geben, »dort anzugreifen, wo Engel nicht einmal hintreten würden«, um mit einem amerikanischen Fachmann zu sprechen.

Der zweite Teil dieses Buches ist der besonderen Taktik dieser Einsatzkommandos gewidmet, wie sie sich nach Erfahrungen in der ganzen Welt herauskristallisiert hat.

Die Combatwaffen, oder:
Auf der Suche
nach der idealen Schußwaffe

Die Frage, die am meisten von Laien an Schußwaffensachverständige herangetragen wird, lautet: Welches ist die beste Waffe? Und dann wundert sich der Laie, wenn der befragte Spezialist weit ausschweift, verschiedene Systeme zu erklären beginnt, nach Absicht, Zweck und Wirkungsbereich zurückfragt und wenn aus dem Gewirr von Waffen- und Kaliberbezeichnungen, von Gewichts- und Lauflängenangaben, von Abkürzungen und Fremdwörtern lediglich herauszuhören ist, daß es keine ideale Waffe gibt, die für jede Situation und jeden Träger gleich gut geeignet ist. Jemand, der für jede Eventualität gewappnet sein möchte, müßte ein ganzes Arsenal von Schußwaffen und Munitionssorten mit sich herumschleppen, und selbst dann gäbe es noch Bereiche, die er nicht erfassen kann.
Das Spektrum der Ansichten über die Brauchbarkeit und die Anwendungsmöglichkeiten der verschiedenen Systeme und Waffenarten wird noch durch die ganz persönliche und subjektive Einstellung der einzelnen Fachleute und ihre spezifischen Erfahrungen vergrößert und weiter verwirrt.
Jede Schußwaffe ist in ihrer Wirkungsweise und Zuverlässigkeit neben anderen Faktoren wie Pflege und Zustand vor allem abhängig von der verwendeten Munition. Die Waffengeschichte ist voll von Beispielen, in denen sich gute Waffensysteme wegen falscher Munition nicht durchsetzen konnten. Dies trifft natürlich auch im umgekehrten Sinn zu. Weiterhin hängt die Wahl der Waffe vom Verwendungszweck ab: Ein Juwelier wird sich für eine andere Waffenart entscheiden als ein Fallschirmjäger. Viele Fehlentwicklungen und -bewaffnungen stammen aus der falschen Einschätzung der eigenen Bedürfnislage des Trägers.
Die nun folgenden Kapitel werden sich daher auch mit subjektiven Erläuterungen der verschiedenen Waffengruppen und Arten beschäftigen; mit Feststellungen, die beeinflußt sind von Erfahrungen, die ich persönlich gemacht habe, bzw. machen mußte.
Wenn in den nun folgenden Abschnitten von »Combatwaffen« die Rede ist, so bezieht sich das natürlich nur auf Waffen mit »Gefechts-

bzw. Combatwert«, eine Terminologie, wie sie von einem anderen Autor bei der Behandlung des Polizeiwaffenproblems benutzt wurde. Zwar kann jede Waffe tödlich wirken, aber in bezug auf »Combatwaffen« ist damit gemeint, daß hier solche Waffen angeführt werden, die entweder für den militärischen Kampf oder für die zivile Verteidigung geschaffen wurden. Das Hauptaugenmerk liegt dabei auf der Erzielung der Kampfunfähigkeit des Gegners, die allerdings nicht hundertprozentig vorausberechnet werden kann, weil jeder Mensch aufgrund seiner Konstitution, seiner augenblicklichen Schwerpunktlage, etc. anders auf einen Treffer reagiert. Das gleiche Geschoß, das einen ausgewachsenen Mann »aus den Stiefeln reißen« kann, wirkt bei dem Nächsten nur deshalb viel weniger, weil es keinen Knochen im Körper traf und daher seine Energie nicht in gleichem Maße weitergab. Ballistische Werte können nur Anhaltspunkte für die Wirksamkeit einer Waffe sein, nicht Beweis.

Viel hängt von der Geschoßgröße, -form, -gewicht und von der benutzten Treibladung ab. Daher gehen wir bei den kleineren Kalibern unter 9 mm davon aus, daß diese eine stark verminderte Wirksamkeit in Bezug auf die Notwendigkeiten einer Handfeuerwaffe haben. Bei Gewehrpatronen mit ihrer hohen Geschwindigkeit müssen ganz andere Berechnungsmaßstäbe angesetzt werden, wie das Kaliber .223 beweist.

Aus den Erfahrungen ist bekannt, daß z. B. Pistolenpatronen wie 6,35 mm oder 7,65 mm keine ausreichende Wirkung im Kampf haben. Man spricht von der »Mann-Stop-Wirkung«: die Fähigkeit, einen Angreifer mit einem Treffer derart zu verletzen, daß er an einer weiteren Fortführung des Kampfes »nicht interessiert«, d. h. nicht mehr fähig ist. Dabei sind natürlich die sehr wirksamen Kopfschüsse nicht in die Rechnung einbezogen.

EINE URALTE STREITFRAGE: PISTOLE ODER REVOLVER?

Die Hand- oder Faustfeuerwaffe ist die gebräuchlichste Waffe zur Selbstverteidigung im zivilen und polizeilichen Bereich. Selbst beim

Pistole oder Revolver? Hier ein .38 »Snubnose« von Smith & Wesson und die legendäre 08 Pistole von Paul Luger.

Militär, wo sie bei der Kavallerie als Ersatz und Ergänzung zur »blanken Waffe« ihre Glanzzeit hatte, ist sie als letzte Möglichkeit zum persönlichen Schutz bei Offizieren und Mannschaften gleichermaßen beliebt. Dabei ist sie als psychologisches Mittel wirksam, was daraus zu ersehen ist, daß die Faustfeuerwaffe das letzte ist, was flüchtende Soldaten wegwerfen würden.
Ein anderer Aspekt ist die einschüchternde Wirkung, die ein Ziehen dieser Waffe aus ihrem Holster hat, selbst wenn der Träger noch eine MPi oder ein Gewehr über den Arm gehängt hat. Bei Soldaten ist es üblich, die Waffen offen zu tragen. Zieht dieser eine Pistole, so weiß jeder, daß es ernst wird.
Die Problematik um die Wahl der richtigen Waffenart ist bei der Faustfeuerwaffe in besonderem Maße ersichtlich:
Bei keiner anderen Waffenart gibt es so erregte Diskussionen über die Frage, ob man der Pistole (Selbstlade-Pistole) oder dem Revolver dem Vorrang geben sollte. Dieser Meinungsstreit ist bis in die Fachpresse und Fachbücher getragen worden, verbunden mit z. T. unsachlichen, unrichtigen, nostalgischen und emotionalen Bemerkungen und Erläuterungen. Die Anhänger der »Automatic« oder des Revolvers führen oft die haarsträubendsten Argumente ins Feld, um von ihren Favoriten zu überzeugen. Die Wahrheit liegt irgendwo in der Mitte, und selbst die Erfindung eines »Pistolvers« würde wohl den Streit nicht beilegen können.
Die sachlichen Argumente werden nachfolgend erläutert, und der Leser sollte selbst entscheiden, welcher Waffe er den Vorzug gibt.

DER REVOLVER
(ODER: ALTER VOR SCHÖNHEIT)

Der Revolver in seiner jetzigen Form mit der Trommel zur Aufnahme von Pulverladung und Kugel und mit einem Lauf geht auf die Erfindung von Samuel Colt aus dem Jahre 1836 zurück, dessen Perkussionsrevolver der einläufigen Vorderladerpistole endgültig den Garaus machte. Ca. 34 Jahre später führte diese Entwicklung dann zur Einführung des legendären »Peacemakers« (Friedensstifter!), der erfolgreich Pulverladung, Kugel und Zündhütchen in einer Metallpa-

Beim schnellen SA-Schuß wird der Hahn mit dem Daumen der linken Hand gespannt.

trone verband und damit das schnelle, unkomplizierte Nachladen ermöglichte. Dieser Colt Single Action Army, wie die offizielle Bezeichnung lautete, erfreut sich bis in unsere Tage einer enormen Beliebtheit, die wohl auf die Sehnsucht nach der Zeit wo »Männer noch Männer sein konnten« zurückzuführen ist.

Die Bezeichnungen »Single Action« (SA) und »Double Action« (DA) umreißen die Funktionen des Revolvers: die rotierende Bewegung der Trommel, die die nächste Patrone vor den Lauf bringt und das damit verbundene Spannen des Hahnes vor jedem Schuß mit dem Daumen auf dem dafür vorgesehenen Hahnspanner in Single-Action-Manier oder durch den Druck des Zeigefingers auf den Abzug, der den Schuß auslöst, nachdem die Bewegung von Trommel und Hahn abgeschlossen ist. Die Trommel-Bewegung wird dann durch einen Stift arretiert, der gewährleistet, daß das Patronenlager genau vor dem Lauf liegt und das Geschoß reibungslos in den Lauf übergehen kann. Bei alten, »ausgeleierten« Revolvern kann man am Luftspalt zwischen Trommel

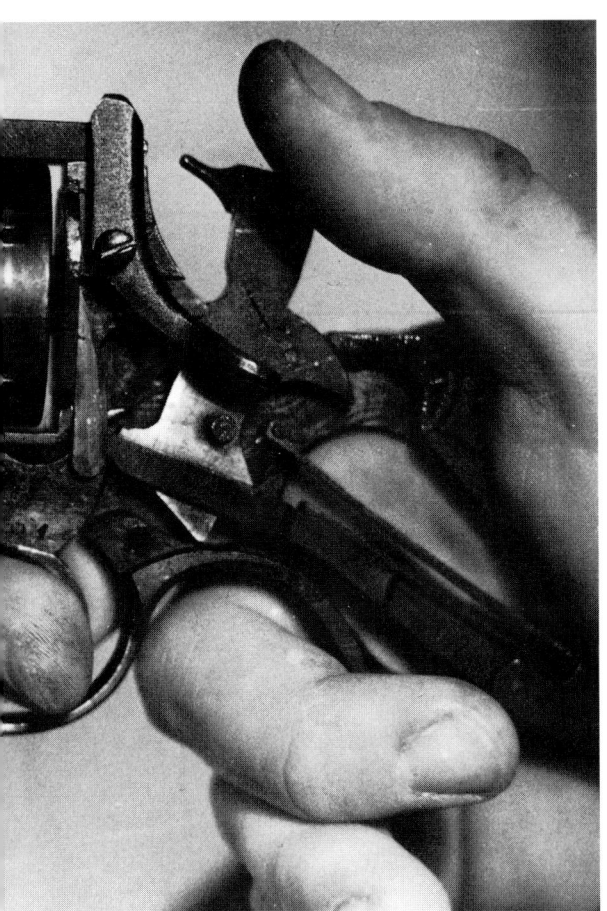 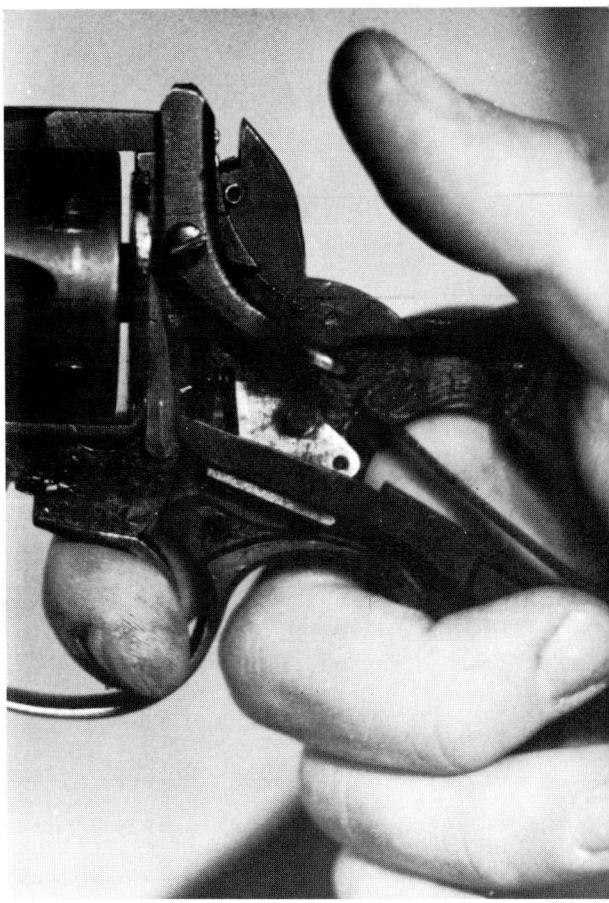

Die abgenommenen Seitenplatten enthüllen das Ineinandergreifen der Revolverteile beim Spannen. Waffe ist der hahnspornlose Enfield Mark II.

und Lauf oft eine Verbleiung feststellen. Diese Bleiablagerungen entstanden durch das Reiben des Geschosses an einer Seite, weil die Arretierung nicht hundertprozentig war. Diese Ablagerungen können im schlimmsten Fall zu einer Ladehemmung führen, wenn der Rückstand die freie Bewegung der Trommel hemmt.

Der Luftspalt zwischen Lauf und Trommel gab in der Vergangenheit zu Spekulationen über den Gasdruckverlust Anlaß, die sich erst in jüngster Zeit durch exakte Messungen und Berechnungen widerlegen ließen. Diese Arbeit, ausgeführt von dem Amerikaner Ron Terrell und veröffentlicht in Guns & Ammo, Februar 75 ergab, daß es bei guten Markenrevolvern zu keinem nennenswerten Druckabfall kommt. Der Unterschied zwischen DA- und SA-Schießen liegt im Abzugsgewicht, d. h. dem Druck, der nötig ist, um den Schuß auszulösen, und der Zeit. Während der Schütze beim Spannen des Hahnes vor jedem Schuß Grifflage und Handhaltung an der Waffe ändern muß, um mit dem Daumen den Hahn zu erreichen und damit Zeit verliert, braucht der DA-Schuß einen größeren Kraftaufwand des Zeigefingers, um den Federwiderstand des Hahnes zu überwinden. Der dabei ausgeübte Druck führt bei den meisten Schützen zu einem leichten Verreißen der Waffe beim DA-Schuß, was zu einer ungenauen Trefferlage führt. Es gibt eine Ausbildungsrichtung im amerikanischen Schießwesen, die das DA-Schießen durch Gewöhnung und Konzentration auf den Abzugswiderstand zu einem präzisen Meisterschaftsschießen führt. Diese Schießart erfordert aber ein langes Training und erhöhte Konzentration beim Schuß, die beim vorliegenden Combatschießen oft nicht gegeben ist.

Der Vorteil des Revolvers liegt bei der unkomplizierten, von der Munition nicht abhängigen Schießweise: Der Schütze drückt ab, und die

Die Phantomzeichnung zeigt das Innenleben eines Ruger-Revolvers im Kaliber .357 Magnum auf.

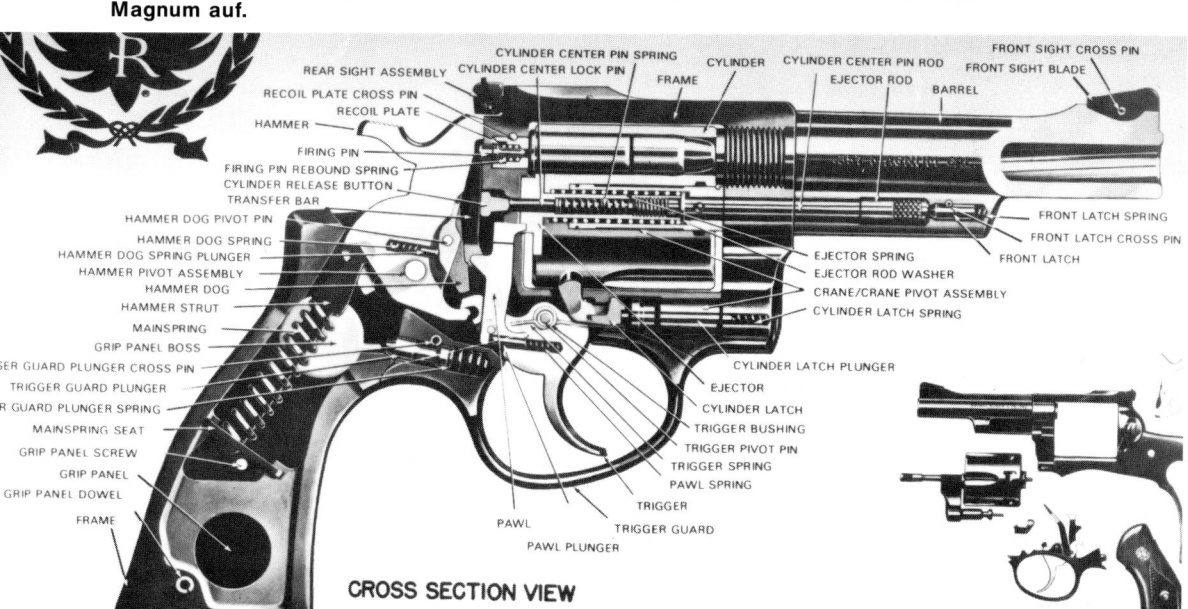

Waffe schießt. Sollte ein Munitionsversager auftreten, liegt bei nochmaligem Abdrücken eine neue Patrone vor dem Lauf, die Schadhafte wurde weitertransportiert. Das Funktionieren der Waffe ist nicht abhängig vom Gasdruck oder von der Munition, was die Verwendung von allen möglichen Ladungen erlaubt, auch der Trainingsmunition, die nur vom Zündhütchen getrieben wird (Wachs- oder Gummigeschosse). Eine Sicherung ist nicht nötig, bei den meisten Revolvern auch nicht vorhanden. Der zweite große Vorteil ist die gute Schwerpunktlage der Waffe durch die vor dem Griff liegende Trommel, wogegen bei einer Selbstlade-Pistole die Munition im Griff (im Magazin) untergebracht ist und den Schwerpunkt nach hinten verlagert. Je vorderlastiger aber eine Waffe ist, desto zielsicherer läßt sie sich schießen. Aus diesem Grunde benutzen Sportschützen auch Laufbeschwerungen.

Die Grifform und damit die Handlage eines Revolvers ist variabler als bei einer Automatic, deren Grifform schon durch das Magazingehäuse eine Minimal-Form haben muß. Jedoch ist die Handlage der jeweiligen Waffe abhängig von der Gewöhnung des Schützen und damit eine persönliche, subjektive Angelegenheit.

Zu den wesentlichen Nachteilen des Revolvers gehört seine Trommel, d. h. die Zahl der Patronen ist in den meisten Kalibern auf sechs be-

Speedloader mit Halbmantel-Softpoint .357 Magnum Patronen. Hier genügt eine Vierteldrehung des Halteknopfes um die Patronen in die Trommel fallen zu lassen.

Ausstoßen von Hülsen aus einem S & W .38 Revolver.

schränkt. Hinzu kommt das Problem des Nachladens. Damit sind wir wieder bei einem polemisch behandelten Streitpunkt.
Das Wiederladen der Pistole erfolgt durch Auswechseln der Magazine, eine recht einfache und schnelle Tätigkeit.
Der Revolverschütze benötigt für ein schnelles Laden der Trommel sogenannte »Speed-Loader«, das sind Haltevorrichtungen aus Plastik, die die sechs Patronen einer Trommelladung in kreisrunder Anordnung festhalten, so daß sie alle mit einer Bewegung in die Trommel eingeführt werden können. Dagegen ist das Laden der Patronen von Hand zeitraubender und komplizierter, weil jede Patrone einzeln in ihr Lager geschoben werden muß. Zuvor werden die leeren Hülsen natürlich ausgestoßen, was bei Hochdruckladungen oft zu Schwierigkeiten führt, wenn sich die Hülsen in den Kammern ausgedehnt haben. Kipplaufrevolver sind wegen der Hebelwirkung des Laufes unproblematischer. Aber bei Revolvern mit seitlich ausschwenkbarer Trommel kann das zu einem echten Problem werden. Während des Nachladens hat der Schütze praktisch ein wertloses Stück Stahl in der Hand, denn für den nächsten Schuß muß erst die Trommel zurückschwenken. Die Pistole hingegen kann eine Patrone im Lauf behalten, während das Magazin ausgewechselt wird.
Der mit dem Laden zusammenhängende taktische Nachteil des Revolvers bezieht sich auf das »Aufstocken« der Munition, d. h. das völ-

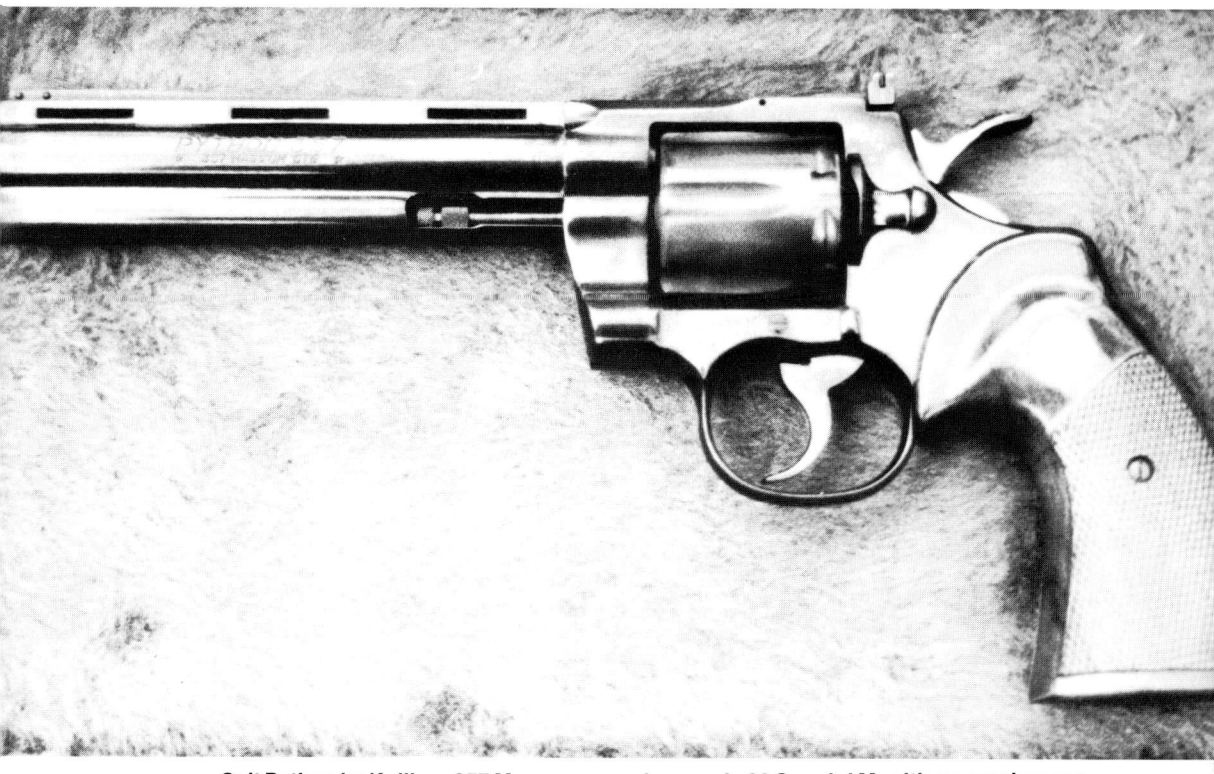

Colt Python im Kaliber .357 Magnum, aus dem auch .38 Special Munition verschossen werden kann.

lige Nachladen einer nur teilweise leergeschossenen Waffe. Will man beim Revolver leere Hülsen entfernen, so ist das einzelne Entfernen nur beim SAA-System mit dem seitlichen Hülsenauswerfer möglich. Bei normalen Revolversystemen mit kranzartigen Hülsenausstoßern wird die gesamte Trommelladung entfernt. Bei der Selbstladepistole wird das teilweise leere Magazin durch ein volles ersetzt, kann aber später bei Bedarf wieder verwendet werden. Oberflächlich gesehen ist dies nur ein kleiner Unterschied, der unwesentlich erscheint. Aus den folgenden Kapiteln über Gefechtstaktik ist aber klar ersichtlich, warum auf das Nachladen solche Betonung gelegt werden muß.

Der Revolver wird häufig nur wegen seiner Munition bevorzugt: Während die meisten amerikanischen Polizei-Departments die Patrone .38 special als Dienstmunition erlauben, führen viele Beamte außerhalb der Dienstzeit die stärkere .357 Magnum mit den gleichen Abmessungen. Als Superlativ gilt die .44 Magnum, die stärkste Faustfeuerwaffenpatrone, die fabrikmäßig geladen und auf dem Markt weit verbreitet ist, während »Wildcats« experimentell entstandene, individuelle Laborierungen sind, die die Fabrik-Munition natürlich übertreffen können.

Die .38 spec. ist erwiesenermaßen zu schwach in der »Stopping-Power«, weshalb oft genug illegal die .357 im Dienst verwendet wird. Es gibt viele Schützen, die vor dem Gebrauch von Magnum-Ladungen zurückschrecken; sei es aus »humanitären Gründen« oder aus dem Unvermögen, die rückstoßstarken Patronen zu »verdauen«.

Der Rückstoß wirft die Waffe weit aus der Ziellinie, der Schußknall kann, vor allen Dingen in geschlossenen Räumen, gehörschädigend wirken. Magnum-Ladungen sind vornehmlich für Schützen, die permanent üben, mit dem starken Rückstroß vertraut sind und mit der ersten Kugel auch in Streßsituationen zu treffen vermögen.

Ein hervorragender Mittelwert zwischen der .38 special und der Magnum-Laborierung könnte die .45 Patrone sein, wenn nur mehr Waf-

Smith & Wesson M 25.

Zur Reinigung zerlegter Ruger-Revolver zeigt in deutlicher Weise die wenigen kompakten Einzelteile dieser Waffenart.

fen für diese gleichermaßen aus Revolver und Pistole verschießbare Munition gefertigt werden würden. Schon 1917 entwickelten sowohl Colt als auch Smith & Wesson, die beiden Kontrahenten auf dem Revolvermarkt, eine Waffe, die mit Hilfe von Halbmond-Clips die Patrone .45 ACP laden konnte oder die später .45 Auto Rim ohne Clips verschoß. Eine Linie, die nur im Smith & Wesson Target Modell 25 fortgesetzt wurde.

Die nachfolgenden Beispiele aus der Revolverproduktion verschiedener Firmen sollen einen informativen Querschnitt geben und erheben keinen Anspruch auf Vollständigkeit.

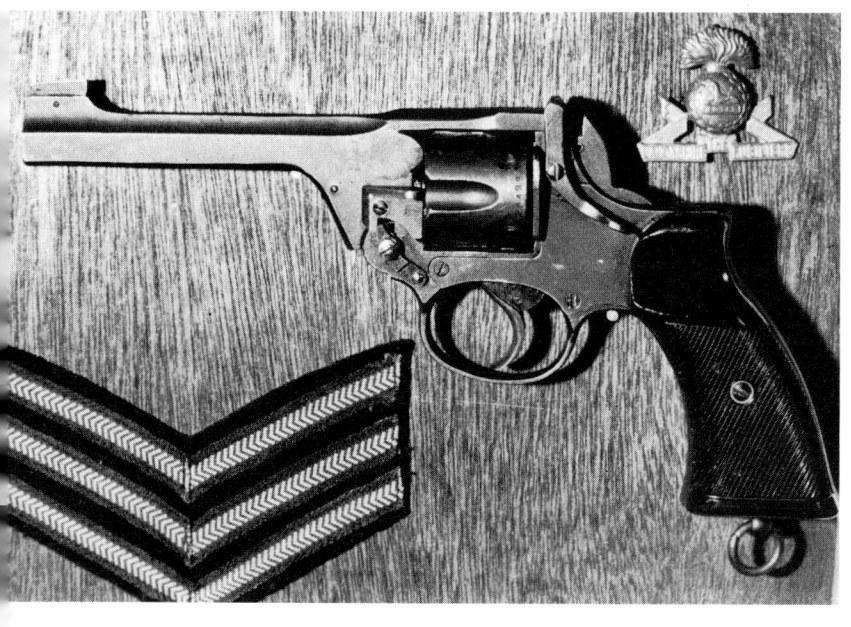

Pistol Nr. 2 Mark 1, Enfield Albion
Kaliber: 0.380 SAA
Länge: 26 cm
Gewicht: 800 g (ungel.)
V: 198 mps
Dies ist die hahnlose Version des engl. Armeerevolvers (für den Dienst in Fahrzeugen und Panzern), der nur ein DA Schießen erlaubte. Die besondere Form des Griffes erlaubt eine gute Führigkeit der Waffe trotz des extrem unangenehmen Abzugsgewichtes. Waffen dieser Art, wie auch die Scott & Webley Modelle sind als Polizei- oder Militärwaffen weiterhin in vielen Ländern der ehemals britischen Einflußsphäre im Dienst, was nicht zuletzt auf das robuste Kipplauf-System zurückzuführen ist.

Webley Mark IV
Kaliber: 0.380 SAA
Britischer Armeerevolver des Zweiten Weltkrieges in Maßen und Gewicht ähnlich dem Enfield Albion zum DA und SA Schießen.

Diese drei Waffen stehen stellvertretend für die Gruppe der kleinen, leichten Taschenrevolver von Smith & Wesson. Sie sind alle mit starrer Balkenkorn und Rechteck-Kimmenvisierung versehen und sind vornehmlich für das verdeckte Tragen konzipiert worden. Die etwas »schwachbrüstigen« Griffe finden nicht unbedingt das Wohlwollen jedes Schützen, jedoch können Maß- oder Combatgriffschalen in dieser Richtung abhelfen. Alle Waffen dieser Gruppe sind fünfschüssig.

Smith & Wesson No. 36 Chiefs Special
Kaliber: .38 S & W Special
Lauflänge: 5 cm oder 7,5 cm
Gewicht: 528 g oder 567 g

Smith & Wesson No. 60 Chiefs Special
Daten wie Modell No. 36, jedoch aus rostfreiem Stahl, der die Waffe unempfindlich gegen Umwelteinflüsse wie Feuchtigkeit, Schweiß, usw. macht.

Smith & Wesson No. 38 Bodyguard Airweight
Kaliber: .38 S & W Special
Lauflänge: 5 cm
Gewicht: 411 g
Ähnlich wie beim Enfield Albion sollte hier verhindert werden, daß der Hahn sich verfängt oder durch Kontakt mit irgendwelchen Hindernissen gespannt wird. Bevorzugte Waffe der Sky-Marshals, da der Leichtmetallrahmen das Gewicht des Revolvers erheblich verringert.

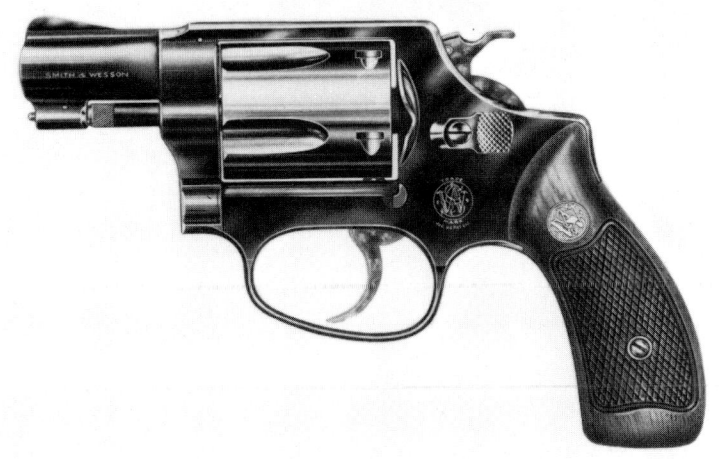

Die mittleren und schwereren Smith & Wesson Revolver:

S & W No. 10 Military & Police
Kaliber: .38 S & W Special
Gewicht: 865 g
Lauflängen: 5 cm, 10 cm (abgebildet), 12,5 cm und 15 cm
Der traditionelle amerikanische Dienstrevolver seit mehreren Jahrzehnten. Robust, zuverlässig und unkompliziert.

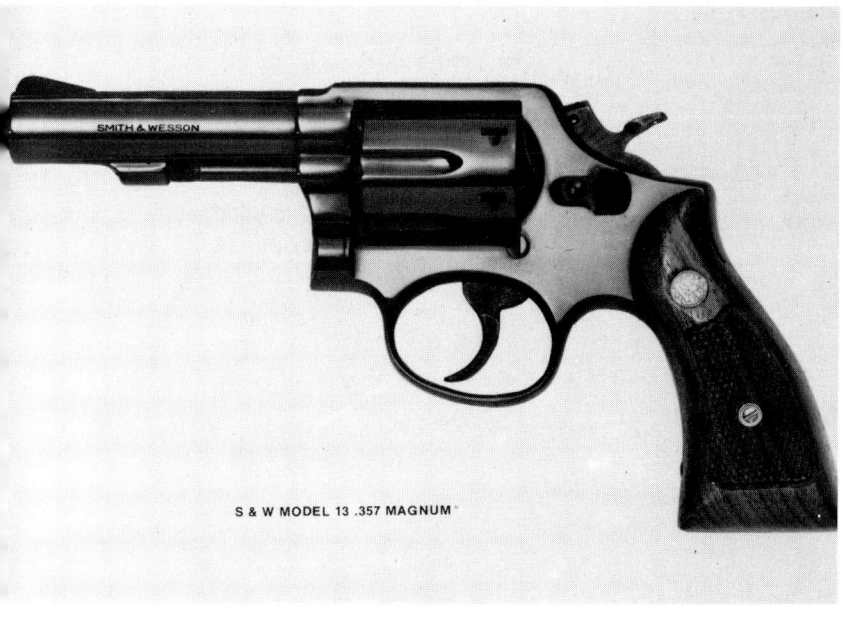

S & W No. 13 Military & Police Heavy Barrel

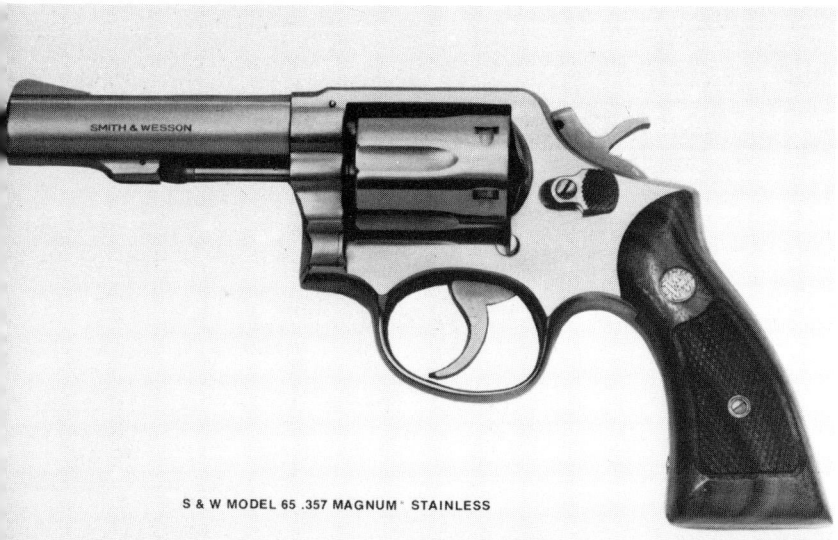

S & W No. 65 Military & Police Heavy Barrel, Stainless
Kaliber: .357 Magnum oder .38
Lauflänge: 10 cm
Gewicht: 956 g
Der schwere Lauf verleiht der Waffe eine günstigere Vorderlage und zusätzliche Robustheit.

S & W No. 58 .41 Military & Police
Kaliber: .41 Magnum
Lauflänge: 10 cm
Gewicht: 1162
Diese Waffe wurde entworfen, als man annahm, daß das .41 Kaliber die kommende Polizeipatrone werden würde. Die ballistischen Leistungen dieser Munition liegen zwischen der der .357 und .44 Magnum-Patrone.

S & W No. 19 Combat Magnum
Kaliber: .357 Magnum
Lauflängen: 6,5 cm (abgeb.), 10 cm (abgeb.), 15 cm
Gewicht: 990 g (mit 10 cm Lauf)
Kann in der kurzen Version mit dem abgerundeten Griff noch verdeckt getragen werden.
Diese und die folgenden S & W-Revolver zeichnen sich durch die fabrikmäßig gelieferte Mikrometer-Visierung aus.

S & W No. 28 Highway Patrolman
Kaliber: .357 Magnum
Lauflängen: 10 cm (abgeb.), 15 cm
Gewicht: 1175 g

S & W No. 15 Combat Masterpiece
Wie die Military & Police Serien, nur mit serienmäßiger Mikrometer-Visierung. Kaliber: .38 S & W Special

S & W No. 57
Kaliber: .41 Magnum
Lauflängen: 10 cm, 15 cm, 21 cm
Gewicht: 1268 g, 1361 g, 1488 g

S & W No. 29
Kaliber: .44 Magnum
Lauflängen: 10 cm, 16,5 cm (abgeb.) 21 cm
Gewicht: 1220 g, 1332 g, 1460 g
Die Waffe, von der gemunkelt wird, daß sie nur für »ganze Männer« sei, mit der stärksten Revolverpatrone.

Sentinel Mark IV
Kaliber: .22 Magnum

Sentinel Mark I
Kaliber: .22 Long rifle
Beide Revolver der Firma High Standard sind außergewöhnlich durch ihre 9-Schuß-Trommeln und bieten eine interessante Alternative zu der .22 Taschenpistole.

Sentinel Mark II
Kaliber: 357 Magnum
Mit diesen Modellen hat Hig Standard versucht in den Markt der Polizeirevolver vorzustoßen der bis dahin von Colt und Smith & Wesson beherrscht wurde.

Ruger-Revolver
Die Firma Ruger fertigt seit einigen Jahren neben ihren Schwarzpulver-Repliken und ihren SA-Western-Revolvern nun auch Modelle für den Combat-Gebrauch an. Jede der Waffen wird auch als Stainless Steel (rostfreier Stahl) Version hergestellt.

Ruger Speed-Six
Mittelgroßer Revolver im Kaliber .357 zum verdeckten Tragen.

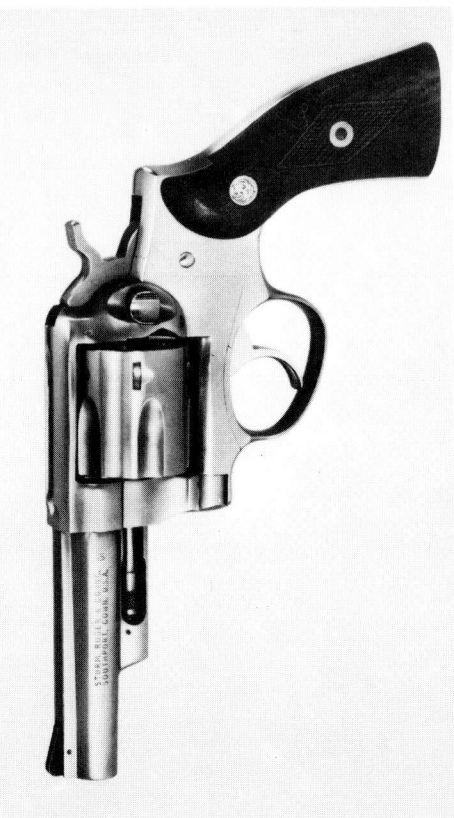

Ruger Security Six Kaliber: .357 Magnum oder .38 spl. (zwei versch. Versionen)

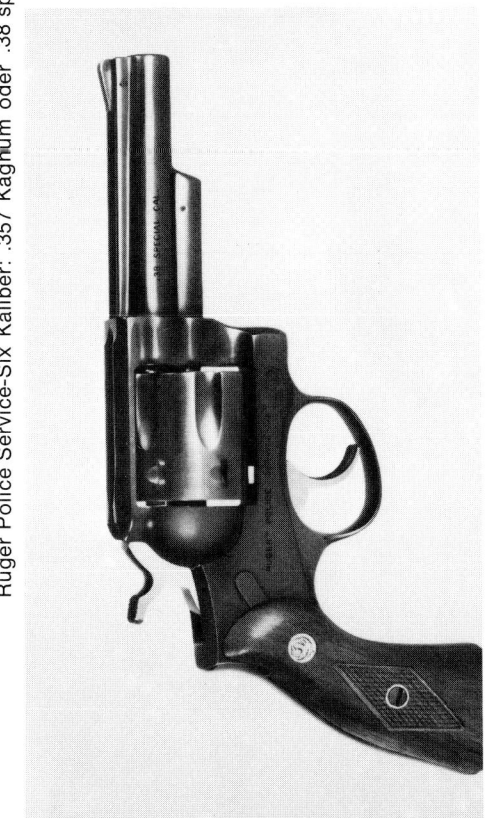

Ruger Police Service-Six Kaliber: .357 Magnum oder .38 spl.

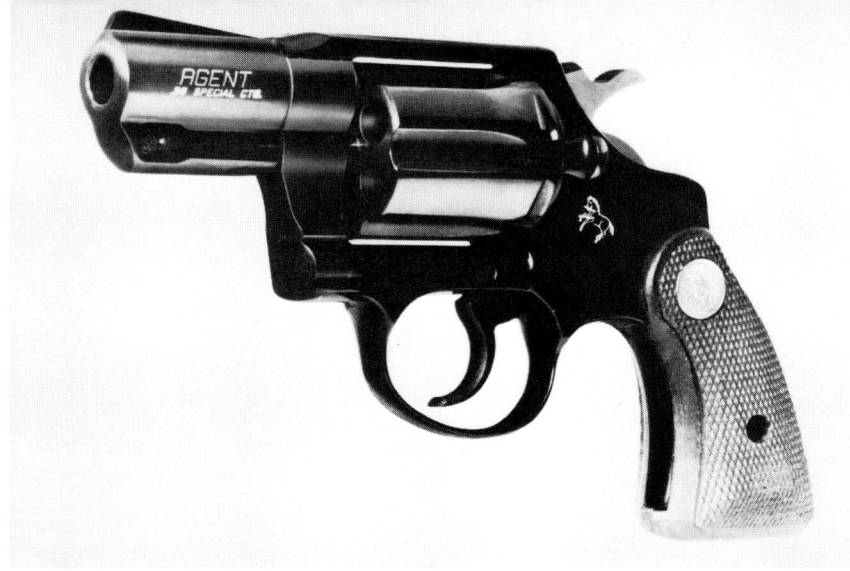

Last not least: Colt-Revolver
Colt Agent
Kaliber: .38 Spec.
Snubnose-Revolver zum verdeckten Tragen mit Leichtmetall-Rahmen, Lauflänge: 5 cm; Gewicht: 397 g; sechsschüssig.

Colt Cobra Kaliber: .38 Spec.
Wie Modell Agent, Gewicht: 425 g

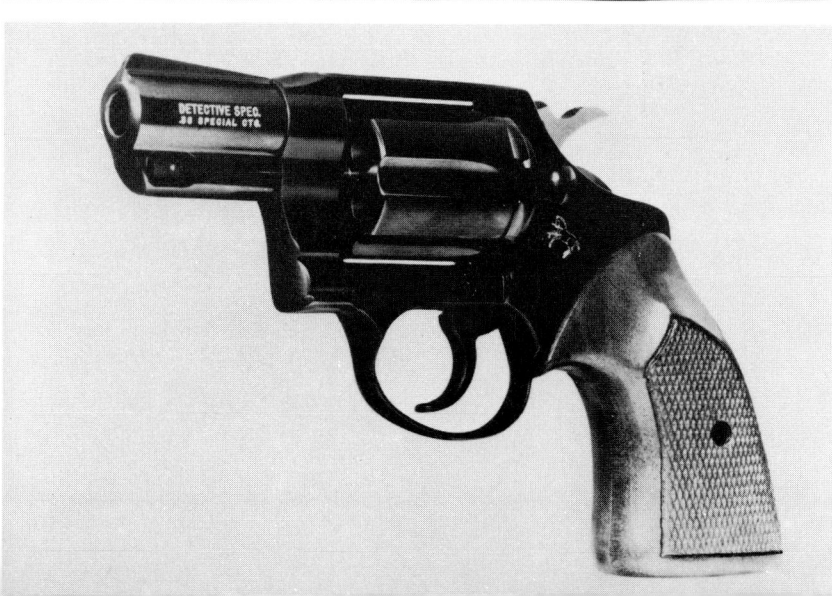

Colt Detective Special Kaliber: .38 Special
Snunose mit Stahlrahmen, daher zum Combattraining geeignet.
Gewicht: 640 g; Lauflänge: 5 cm (auch 7,5 cm), sechsschüssig.

Colt Diamondback Kaliber: 38 Spec.
Dienstrevolver mit serienmäßiger ventilierter Laufschiene und Mikrometervisierung, hier mit 10-cm-Lauf (auch erhältlich mit 6,35-cm-Lauf). Gewicht: 840 g

Colt Lawmann MK III Kaliber: .357 Magnum
Robuster, schwerer Dienstrevolver mit starrer Visierung.
Gewicht: 1020 g

Colt Trooper Mark III Kaliber: .357 Magnum
Lauflängen: 10 cm (15 cm) Gewicht: 1190 g 1275 g)
Hervorragend führiger Colt Revolver der dank Mikrometer-Visierung sehr präzise zu schießen ist. Mit dem 15-cm-Lauf ist eine maximale Ausnützung des Magnum Kalibers möglich. Für das Kaliber .357 Magnum eine der besten Waffen zum offenen Führen im Gelände.

Die 08 Pistole von Georg Luger, eine der ersten wirklich erfolgreichen Selbstladepistolen, war über Jahrzehnte hin deutsche Ordonnanzwaffe. Sie begründete die Popularität der Patrone 9 mm Parabellum. Als Combatwaffe veraltet und zu störanfällig bleibt sie begehrtes Sammlerobjekt. Hier abgebildet mit Anschlagbrett.

DIE SELBSTLADEPISTOLE

Gegen Ende des vorigen Jahrhunderts leiteten die Erfindungen von Borchardt, Bergmann und Mauser die Entwicklung der modernen Pistole ein, die den Rückdruck der abgefeuerten Patrone ausnützt, um den Lade- und Spannvorgang zu vollziehen. Die Hauptschwierigkeit lag in der notwendigen Verzögerung des Vorgangs bis zu dem Moment, in dem das Geschoß den Lauf verlassen hatte. Bei schwachen Ladungen konnte die Massenträgheit des Verschlusses ausgenützt werden, bei starken Patronen bedurfte es aber eines Verriegelungssystems, das Lauf und Verschluß miteinander verband.

Die Munition befindet sich in einem Magazin, bei den meisten Waffen im Griff gelagert und wird durch die Magazinfeder vor den Verschluß gebracht, dessen Rücklauf die abgeschossene Hülse aus dem Patronenlager zieht und auswirft.

Das wohl erfolgreichste System dieser Art stammte von John Browning und wird mit geringen Abwandlungen in den meisten Pistolen bis in unsere Zeit verwendet. Die erfolgreichste Waffe dieses Systems ist die Colt Government M 1911, die seit ca. 60 Jahren Standardwaffe der US-Armee ist. Der beweglich gelagerte Lauf hat an seiner Oberseite zwei Erhöhungen, die im verriegelten Zustand in zwei Aussparungen des Schlittens sitzen. Beim Schuß werden Lauf und Schlitten gemein-

Eine polnische Kopie des Browning-Systems, die Radom M35 im Kaliber 9mm Parabellum.

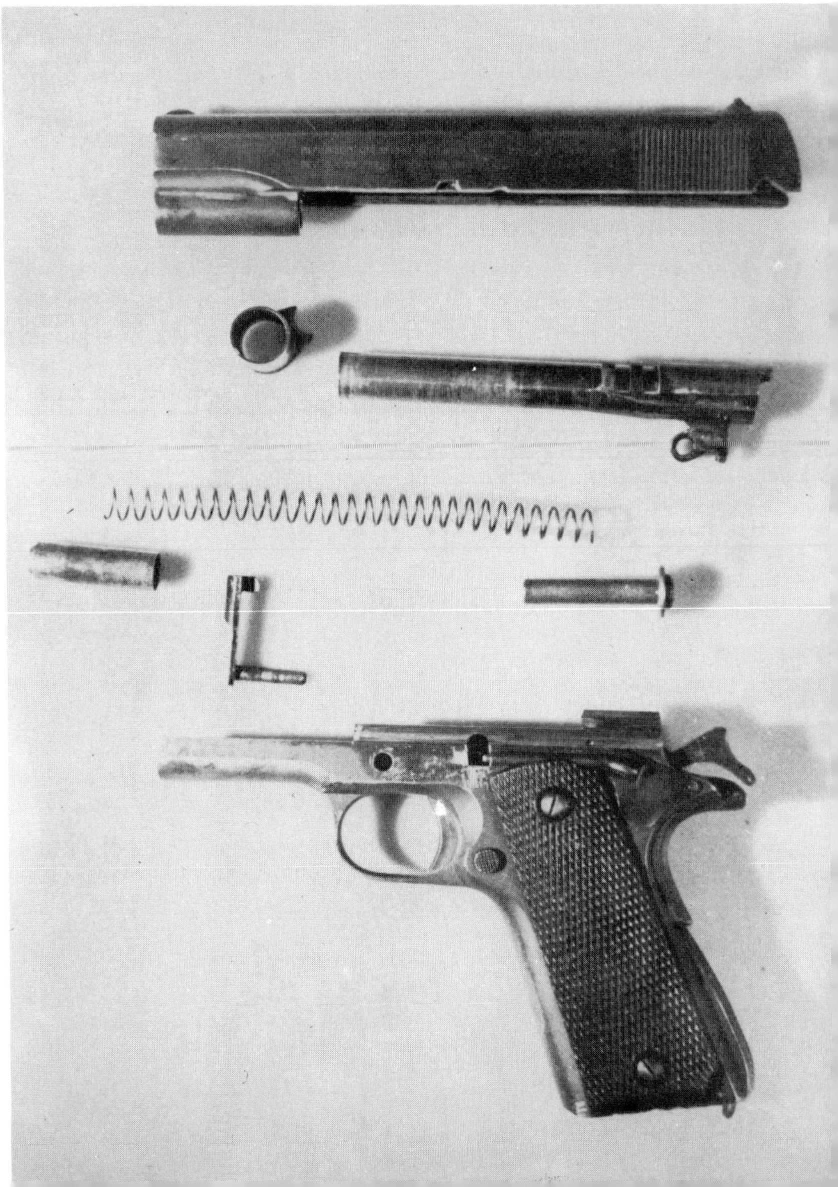

Zur Reinigung zerlegte Colt-Pistole zeigt die wenigen Komponenten dieses Waffentyps. Deutlich zu erkennen ist die Rollenlagerung des Laufes.

sam zurückgetrieben, dann gestattet die Rollenlagerung dem Lauf, nach unten wegzuklappen, der Verschluß ist entriegelt, nimmt die Patronenhülse bei seinem rückwärtigen Weg auf und wirft sie aus. Eine Feder, die unter dem Lauf liegt, fängt den Verschluß auf, treibt ihn wieder vorwärts, wobei sie eine neue Patrone aus dem Magazin und vor den Lauf führt. Die Waffe ist nun wieder verriegelt, und ein außerhalb des Schlittens (= Verschlußgehäuse) liegender Hammer ist gespannt. Der Nachteil der Selbstladepistolen beruht in ihrer Abhängigkeit von der Munition bzw., von dem sich entwickelnden Gasdruck für ihre Funktion. Bei schlechter Zündung der Ladung kommt es zu Ladehemmungen, Hülsen werden nicht oder nur teilweise ausgeworfen, Patronen nicht geladen. Zündhütchenversager erfordern ein erneutes Durchladen der Waffe, eine Störung, die im Feuergefecht gefährlich werden kann.

Gleichzeitig begrenzt das komplizierte Verhältnis zwischen Gasdruck, Verschlußgewicht, Rückholfeder und Verriegelung die Möglichkeit verschiedener Patronenladungen: stärkere oder schwächere Pulverlaborierungen, Geschoßgewicht oder -art müssen dem oben erwähnten Verhältnis angepaßt sein; was z. B. ein Funktionieren der Pistole mit Übungsmunition ausschließt.

Die Heckler & Koch P9S, die hier mit Vollmantel und Hollow-Point Geschossen abgebildet ist, setzt aufgrund ihres Spannabzuges, ihrer Rollenverriegelung und ihres Polygon-Laufes neue Maßstäbe.

Zu den weiteren Nachteilen der Pistole gehört einmal ihr komplizierter Aufbau mit einer im Verhältnis zum Revolver, Vielzahl von Kleinteilen, deren Bruch zu Störungen und Versagen der Waffe führen kann und zum anderen das Problem des ersten Schusses. Die meisten Pistolen haben keinen Spannabzug (DA), sondern erfordern ein vorheriges Durchladen (Zurückziehen des Schlittens mit der linken Hand) oder ein Spannen des Hahnes mit dem Daumen, wenn eine Patrone ständig im Lauf geführt wird. Beide Methoden erfordern Zeit und viel Übung, wenn man sie schnell und sicher durchführen will.

Aufgrund dieser Problematik wurden einige Waffen mit DA-Abzug entwickelt (Walther-Pistolen, HK P 9S, Sauer etc.) oder Abzüge nachträglich eingebaut (Combat-Conversion für Colt-Pistole). Hier entsteht dann der Unterschied im Abzugsgewicht zwischen dem ersten und zweiten Schuß, was bei einigen Schützen »Anpassungsschwierigkeiten« hervorruft.

Zu den Vorteilen der Pistole gehören die schnelle Schußfolge, die flache Form und die unkomplizierte Art des Nachladens, solange man genügend Magazine hat. Zur Zeit existieren auf dem Markt eine Unzahl von Selbstladepistolen der verschiedensten Kaliber und Hersteller: Zu dem Bereich der mannstoppenden, verteidigungswirksamen

Die tschechische Vzor 70, eine Taschenpistole im Kaliber 7,65 mm zeigt den einfachen Aufbau einer Waffe mit Feder- oder Masseverschluß.

Combatwaffen können aber nur Pistolen mit einem Kaliber von 9 mm aufwärts gerechnet werden.

Die Pistolen und »Pistölchen« der 6,35 oder 7,65 mm Kalibergruppen sind vielleicht gut in der Verarbeitung und in ihrer kompakten Form, besitzen aber nicht genug Waffenwirkung.

Das beschränkt die Auswahl auf folgende Kaliber: 9 mm Parabellum, .38 Super Auto und .45 ACP. Für diese drei Patronen existiert ein breites Angebot an Waffen.

Die spanische Star-Serie, hier das Modell B, Kaliber 9 mm Para, sind weitere Kopien des Browning-Systems in den Kalibern .38 Auto Super, 9 mm Para und .45 ACP.
Die Konstruktionen zeichnen sich besonders durch ihre Kompaktheit und gute Griffläge aus. Zur abgebildeten Waffe gibt es noch eine identische Version, die MB, mit Reihenfeuereinrichtung. Magazin: 8 Schuß; 15,32 Schuß.

Die FN Hig Power M35 ist eine der weitverbreitetsten Pistolen auf dem Weltmarkt, die von vielen Combatschützen wegen der großen Magazinkapazität von 13 Patronen gewählt wird. Mit 850 Gramm Leergewicht und 20,5 cm Länge läßt sie sich noch verdeckt tragen. Aufgrund ihres Kalibers, 9 mm Para, ist sie in vielen Ländern der westlichen Hemisphäre Ordonnanzwaffe für Polizei und Armee.

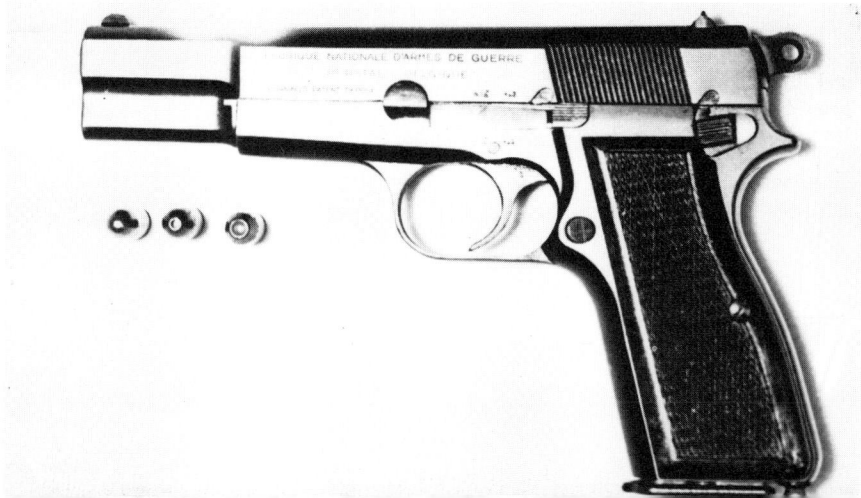

Beretta M 951, 9 mm Para; Magazinkapazität: 8 Schuß

Beretta M 934, 9 mm kurz. Zwei italienische Waffen, die im Mittelmeerraum weit verbreitet sind, die M 951 wird in Ägypten in Lizenz gefertigt.

Smith & Wesson Modell 59; 9 mm Para.
Das Nachfolge-Modell der S & W 39 mit erhöhter Magazinkapazität von 14 Schuß. Eine der wenigen amerikanischen »Automatics« mit DA-Abzug, wird sie von einigen Spezialisten als mögliche Alternative zu den Polizeirevolvern gesehen.

Sig-Sauer P 220

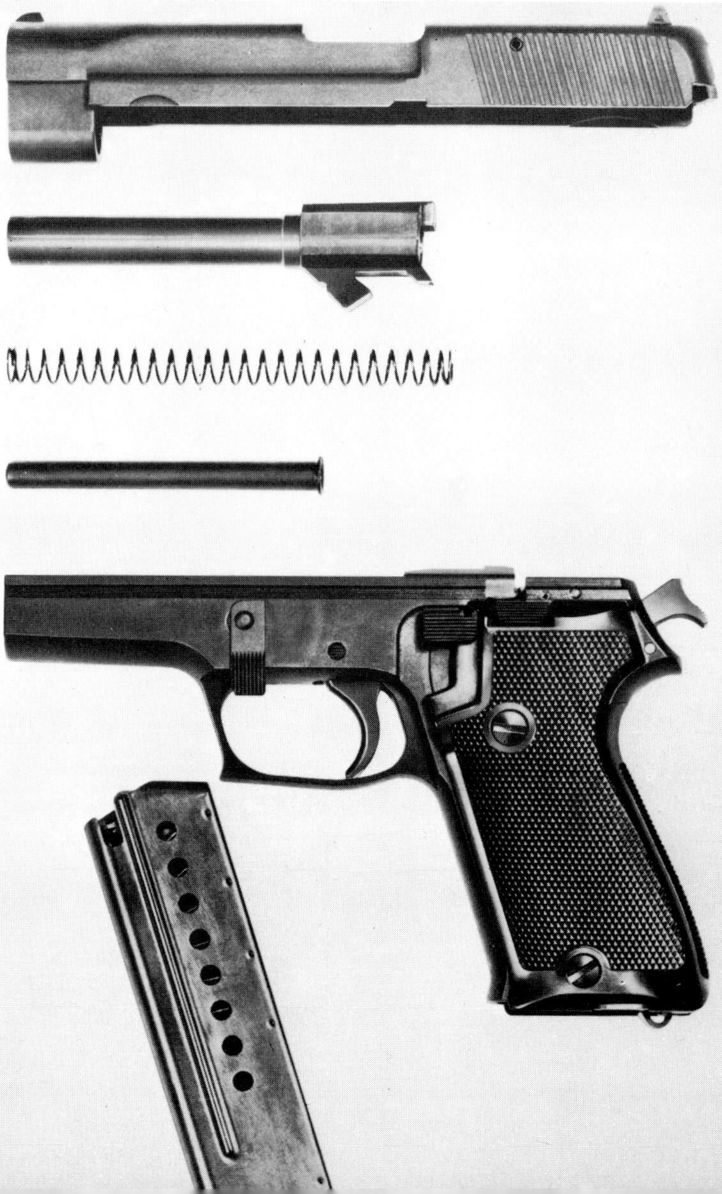

Die P 220 ist eine Konstruktion, die nach Combat-Gesichtspunkten konzipiert wurde und erhebliche Beachtung verdient. Ihre Merkmale neben Kontrastvisierung, DA-Abzug, zeichnen sich durch die Möglichkeit aus, durch Wechseln verschiedener Komponente, wie Lauf Magazin etc. aus der Waffe folgende Munitionsarten zu verschießen: .22 l.r., 7,65 Para, 9 mm Para und .45 ACP. Bemerkenswert ist der seitliche Spannhebel (ähnlich der H & K P9S) und der Entspannhebel, der den Hahn auf seine Sicherheitsraste zurückfallen läßt. Magazinkapazitäten: 9 mm Para 9 Schuß; 45 ACP 7; 7,65 Para 9, .22 l.r. 10 Schuß.
Die ungewöhnliche Form des Abzugsbügels soll ein Auflegen des linken Zeigefingers beim beidhändigen Weaver-Griff erleichtern.

Walther P38, 9 mm Para (Magazin: 8 Patronen).
Diese Pistole war eine der ersten Dienstwaffen mit Spannabzug und ersetzte ab 1938 die 08 als Ordonnanzwaffe der Wehrmacht. Die damalige mit Stahlgriffstück versehene Ausführung wog fast 1 kg im Vergleich zu der Nachkriegsversion mit dem zu Beanstandungen führenden Alu-Griffstück von 800 Gramm.

Walther P38 k, 9mm Para.
Diese gekürzte Version, die auf verschiedene Modelle im Zweiten Weltkrieg zurückgeht, soll die Walther als Combatwaffe zum verdeckten Tragen bequemer und führiger gestalten: Der Lauf wurde auf 7 cm verkürzt, der Hahnsporn wesentlich verkleinert und die Visierung verändert – das Korn auf den vorderen Teil des Schlittens versetzt und statt der starren eine Mikrometer-Visierung eingerichtet.

Walther PP-Super
Die PP-Super entstand um eine Lücke in der Polizeibewaffnung zwischen der 9 mm Para und der 7,65 Munition zu schließen. Die für die neue Polizeipatrone 9 mm Super (9x18) eingerichtete Waffe ist mit Spannabzug, und einer Entspannwalze zum Entspannen des Hahns ausgerüstet. Gewicht: 760 g, Magazin: 7 Schuß, Länge: 176 mm.

Walther PPK, Kaliber: 7,65 oder .22 l.r. oder 9 mm kurz. Die PP und PPk waren und sind noch richtungsweisende Vorbilder in der Konstruktion der kleinen »Taschenpistolen«, wie man an den vielen Nachahmungen anderer Länder und Firmen erkennen kann. Als primäre Combatwaffe zu schwach ist sie im Kaliber .22 l.r. in Verbindung mit High Speed Hollow Point Geschossen als sekundäre Waffe zu empfehlen. Magazin: 7 Schuß bei 7,65 und .22 l.r.; 6 Patronen bei 9 mm kurz. Gewicht: 590 g (Stahlgriff, 470 g (Alu) in der 7,65 mm Ausführung. Länge 155 mm.

Walter TPH, Kaliber: .22 l.r. oder 6,35 mm.
Mini-Ausführung der Walter-Serie mit Spannabzug und genau wie die PPK als Sekundärwaffe im Kaliber .22 l.r. zu empfehlen. Länge 135 mm, Gewicht: 325 g, sechs Patronen im Magazin.

Beretta M 70 Kaliber 22 l.r. Sekundärwaffe mit sehr angenehmer Handlage und Deuteigenschaft, SA-Abzug, Magazin 8 Patronen.

Heckler & Koch P9S, Kaliber 9 mm Parabellum, Linksansicht.

Explosionszeichnung der HK P9S zeigt die Vielzahl von Einzelteilen einer Selbstladepistole mit Spannabzug. Die zehnschüssige HK P9S ist eine der ausgewogensten Combatpistolen im Kaliber 9 mm Para; durch ihre geschlossene Form und Kompaktheit ist sie äußerst schmutzunempfindlich und fast immun gegen Störungen. Gewicht: 875 g, Länge: 13,7 cm.

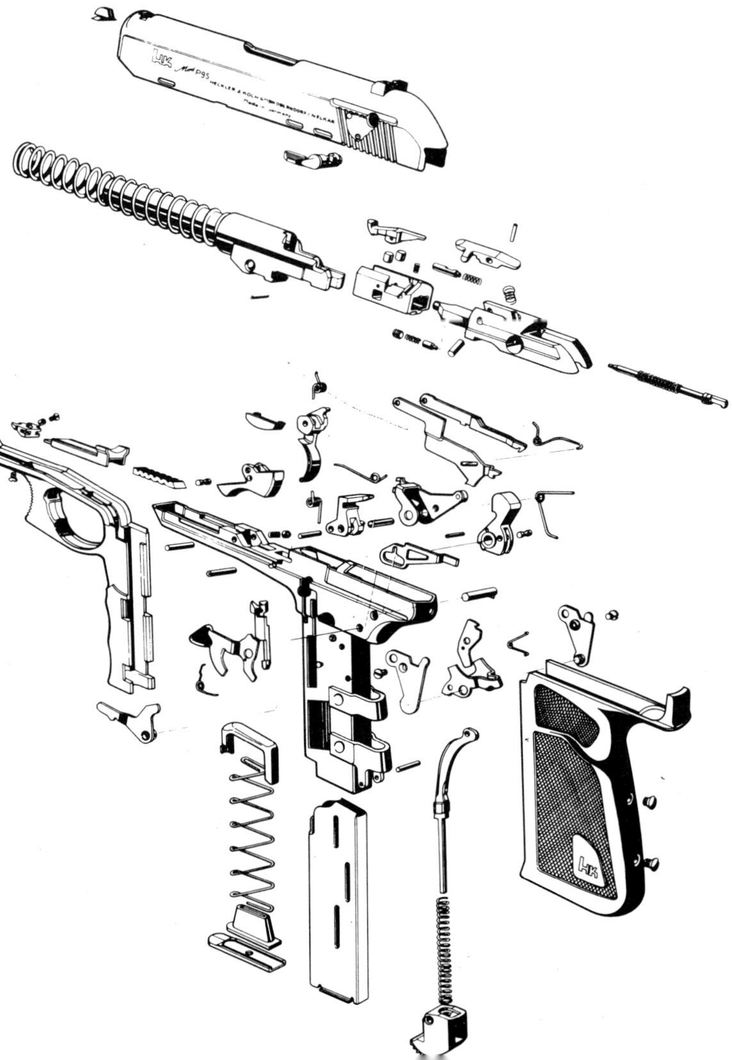

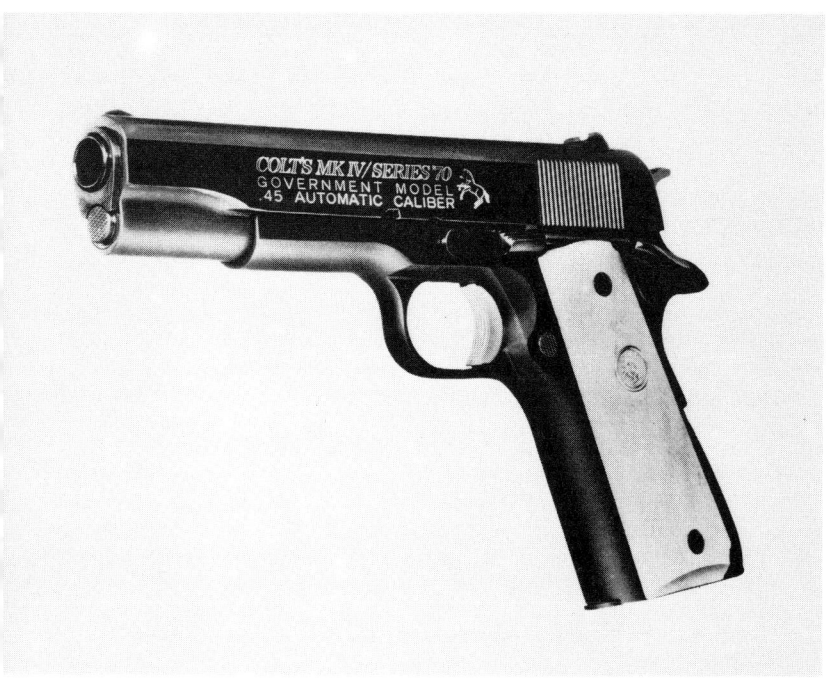

Colt Government M1911, Kaliber .45 ACP.
Seit über 60 Jahren Standardwaffe der US-Armee, hat sich diese Pistole einen fast legendären Ruf erworben. Sie ist zuverlässig, robust und verschießt eine Patrone mit guter Mann-Stop-Wirkung. Mit wenigen Veränderungen, wie größere Sicherungsflügel, verstellbare Visierung, breiterer Hammersporn, ect. wird aus der serienmäßgen Waffe eine fast ideal zu nennende Combatpistole. Gerüchten zufolge bereitet die Firma Colt ein Modell mit Spannabzug vor.
Gewicht: 1130 g; Länge: 21,6 cm; Magazin: 7 Patronen.

Colt Combat Commander Kaliber: .45 ACP 9 mm Para, .38 Auto). Die verkürzte Version der Government eignet sich hervorragend zum verdeckten Tragen. Die Version mit Leichtmetallgriffstück (commander) ist nur Schützen zu empfehlen, die nicht fortgesetzt mit dieser Waffe trainieren.
Gewicht: 990 g; Länge: 19,5 cm.

ZUR FRAGE DER MUNITION IN FEUERWAFFEN

Die Faustregel gilt, daß kleinere, schnellere Geschosse mehr Durchschlagskraft als größere, langsamfliegende Projektile haben. Durchschlagskraft und Energieabgabe an das getroffene Objekt hängen aber nicht nur von der Geschwindigkeit und Form des Flugobjektes ab, sondern auch von seiner Eigenschaft, sich im Ziel zu verformen. Nach einigen unangenehmen Erfahrungen in Kolonialkriegen hatten die »zivilisierten« Nationen die Verwendung von Explosivgeschossen und sich verformender Projektile für den Infanteriegebrauch untersagt. Daraus ergab sich, daß für den Militärgebrauch nur noch vollummantelte Geschosse hergestellt wurden. Diese Vollmantelge-

Gewehrpatronen, von links nach rechts:
US 30-06, Mauser M98, 8 x 57 panzerbrechend, .303 britisch, 7,63 Nato, 7,62 Nato Leuchtspur, 7,62 M43 (russ.) Leuchtspur, Panzerbrechend-Brandsatz, normal, Dum-Dum, .223.

.357 Magnum Hollow-Point Verformungen nach Auftreffen in lockerem Sand.

schosse nahmen auch nach und nach den gesamten zivilen Markt ein. Eine Ausnahme bildete die Jagd- oder Sportmunition.
Ein Vollmantelgeschoß durchschlägt einen Körper, ohne sich dabei wesentlich zu verformen, wobei es nur einen geringen Prozentsatz seiner Energie abgibt. Ein Blei- oder Teilmantelgeschoß verformt sich jedoch beim Aufprall auf einen menschlichen Körper, auf Holz, Sand oder a. m., gibt einen großen Teil seiner Energie ab und verliert gleichzeitig an Durchschlagskraft. Bei einem menschlichen Körper kommt dazu noch die Auswirkung auf das Nervensystem. Geschosse des M 16 Gewehres, Kaliber .223 rufen oft eine tödliche Nervenschockwirkung durch ihren Taumel-Effekt hervor. Das Geschoß verlagert seinen Schwerpunkt beim Auftreffen und Eindringen in einen Körper aufgrund seines leichten Gewichts von 3,5 g, seiner hohen Geschwindigkeit (930–960 m/sec) und seines geringen Durchmessers (5,56 mm) und beginnt im Körper unkontrolliert zu taumeln, bzw. sich zu überschlagen. Dadurch wird der Wundkanal verbreitert und große Ausschußwunden entstehen. Auf der anderen Seite sind genügend Fälle bekannt, in denen Täter weiterkämpften oder davonliefen, obwohl sie einen oder sogar mehrere Vollmantelgeschoß-Treffer aus 9-mm-Para-Waffen in den Rumpf erhalten hatten. Für den Combatgebrauch der persönlichen Verteidigung wird daher eine Patrone benötigt, die den Angreifer sofort kampfunfähig macht und ihn voll an der Weiterführung seiner Absichten hindert. Eine Vollmantel-Patrone

(auch des Kalibers 6,35) kann zwar den späteren Tod durch Verbluten oder Organschädigung zur Folge haben, sie garantiert aber nicht die sofortige Kampfunfähigkeit des Angreifers. Nur Geschosse mit großer Auftrefffläche (.44, .45 Magnum), Stauchgeschosse (das sind Geschosse, die sich aufgrund ihres Aufbaues – Hohlspitze, Teilmantel-Bleispitze - ausdehnen) und Bleigeschosse, die sich verformen oder zerlegen, haben die gewünschte Wirkung. Von den hier erwähnten Geschoßarten haben nur die sich zerlegenden Geschosse auch einen hundertprozentigen Tötungseffekt wegen der damit verbundenen Organ- und Nervenschädigung.

In diesem Rahmen würde es zu weit führen, über die Berechnungs- und Ermittlungsmethoden von Geschoßwirkungen zu berichten. In den Quellenhinweisen finden sich Angaben über Werke, aus denen diese Theorien zu entnehmen sind. Für die Praxis ist es notwendig zu wissen, daß Vollmantelgeschosse zwar hohe Durchschlags- und Zerstörungskraft haben, aber nur einen geringen Verteidigungswert. Man kann mit der 9-mm-Para-Militärpatrone zwar ein Fahrzeug schrottreif schießen, aber die sofortige Ausschaltung eines Gegners ist nicht garantiert. Häufig jedoch gefährdet ein solches Geschoß in hohem Maße unbeteiligte Personen, da es nach Durchschlagen eines Körpers noch genügend Energie hat, einen Gegner zu verletzen oder zu töten.

9 mm Para Patronen von Super-Vel: Vollmantel und Hollow-Point für geringere Aufstauchung und größere Penetration, Hollow-Point für starke Aufstauchung und völlige Energieabgabe.

FAZIT: WELCHE WAFFE FÜR WELCHEN ZWECK?

Es gibt keine ideale Faustfeuerwaffe, die allen Situationen und jedermann gerecht wird. Es gibt aber auch noch keine ideale Munitionssorte. Wie soll man also an die Wahl einer persönlichen Waffe herangehen? Zuerst einmal muß eine kritische Selbsteinschätzung erfolgen: »Welches sind meine Forderungen? Werde ich viel Zeit zum Üben haben, benötige ich die Waffe nur zum Schutz im Hause oder auch auf der Jagd, im Fahrzeug, im Geschäft? Werde ich die Waffe täglich tragen, in Zivil, also verdeckt oder in Uniform und offen? Welche Möglichkeiten bestehen bei der Munitionsbeschaffung? Was ist besonders wichtig für mich, Feuerkraft oder schnelle Schußbereitschaft?« Diese und andere Fragen muß der Combatschütze sich selbst stellen und beantworten. Er wird zu dem Schluß kommen, daß er nicht eine, sondern mehrere Waffen benötigt: eine für den Dienst und eine für zivile außerdienstliche Verteidigung. Eine für die Jagd mit einer Laborierung, die evtl. auch einen Grizzly-Bären von den Füßen reißt und eine fürs Geschäft und für den Schutz des Hauses, deren Schußknall nicht gleich das Trommelfell in Stücke reißt. Die möglichen Angreifer stellen einen weiteren Fragenkomplex dar: Ein Juwelier wird höchstens einem oder zwei Einbruchsdieben gegenüberstehen im Geschäft, zu Hause oder auf dem Parkplatz. Ein kurzläufiger .38 Revolver dürfte hier ausreichen, da es ja notwendig ist die Waffe überall und unsichtbar mitzuführen. Einem Highway-Polizisten ist immer eine .357 Magnum zu empfehlen, für die er dann mehrere Sorten Munition mit sich führen kann, auch Vollmantelgeschosse zum Schießen auf flüchtende Fahrzeuge. (Viele Beamte führen oft zwei Sorten Munition in der gleichen Trommel.) Will jemand viel üben, dann muß man ihm von einer Waffe mit Leichtmetall-Rahmen oder -Griffstück abraten, da bei dieser häufiger Abnutzungsschäden eintreten.
Die Wahl, ob Pistole oder Revolver sollte man der persönlichen Entscheidung überlassen.
Es gibt Schützen, die kommen mit der Griffform eines Revolvers nicht aus, oder sie haben sich an die Form der Pistole gewöhnt – und umgekehrt. »Missionare«, die immer wieder von den Vorzügen der einen oder anderen Waffenart überzeugen wollen, sind mit Vorsicht zu genießen. Die Handhabung des Revolvers zu erlernen und zu beherrschen ist einfacher und unproblematischer. Aber auch die Schwierigkeiten der Selbstladepistole (Schnelligkeit der Schußbereitschaft,

Griform etc.) sind mit etwas Übung zu überwinden. Für ein anhaltendes Feuergefecht ist die Pistole immer unproblematischer aufgrund ihrer hohen Munitionskapazität und des schnellen Magazinwechsels. Die Faustfeuerwaffe ist eine persönliche Waffe, und das sollte man bei der Auswahl von Griffschalen und Visierungen beachten. Es gibt eine ganze Reihe von Handwerkern, die sich darauf spezialisiert haben, sogenannte »Combat-Conversionen« anzufertigen, d. h. die normale, fabrikneue Waffe, ein »von-der-Stange-Produkt«, durch Ausstattung mit verstellbaren Visieren, größeren Sicherheitshebeln, Aufrauhung der Griffflächen u. a. m., dem jeweiligen Besitzer quasi »auf den Leib zu schneidern«. Mit etwas handwerklichem Geschick können viele dieser Veränderungen selbst vorgenommen werden. Das gleiche gilt für die Munition. Selbst zu munitionieren ist nicht nur ökonomisch, sondern man kann sogar noch eine Höchstleistung an Treffergenauigkeit und Wirkung durch eigene Laborierungen erzielen.
Eine Waffe sollte auch unter dem Gesichtspunkt ausgesucht werden, welche Munitionssorte in der jeweiligen Region am gängigsten ist. Diese Einschränkung ist besonders für Angehörige militärischer Organisationen wichtig, die oft nur den Standard-Nachschub erhalten können.

DIE MASCHINENPISTOLE

Um den Sturmtruppen des I. Weltkrieges mehr Feuerkraft für den Nahkampf zu geben, entwickelte Hugo Schmeisser 1918 eine kurze, karabinerartige Schnellfeuerwaffe, die für die 9-mm-Parabellum-Patrone eingerichtet war und das 32-Schuß-Magazin der Luger-Pistolenkarabiner verwandte. Andere Staaten nahmen diese Idee auf, der Siegeszug der Maschinenpistole (MPi) oder »Submachinegun« begann und ließ diese Waffe zu einem der wichtigsten Träger des infanteristischen Kampfes im II. Weltkrieg werden.
Der Gedanke, die Selbstladepistole mit einem längeren Lauf und Anschlagschaft zuzüglich einer »Reihenfeuer«-Einrichtung zu versehen, war schon früher aufgekommen. Jedoch waren diese Ansätze zum Scheitern verurteilt, weil sich die leichten Waffen im Feuerstoß nicht kontrollieren ließen.

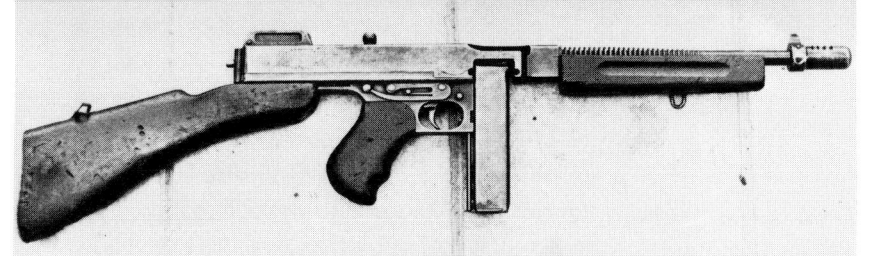

Die Thompson Mub-machinegun, .45 ACP, M 1928 A1.
Die berüchtigte »Tommy-Gun« war eine der ersten Maschinenpistolen der USA, die sich wirklich durchsetzen konnte und bis in unsere Tage als Combat-Waffe benutzt wird. Rund 5 Kilogramm schwer, kann sie Stangen- (20, 30 Schuß) und Trommelmagazine verfeuern. Die frühen mit dem Blish-Prinzip zur Verminderung der Feuerrate und Verriegelung versehenen Modelle wurden im Zweiten Weltkrieg durch eine vereinfachte Version mit Massenverschluß abgelößt, der M1 und M1A1. Feuerkadenz: 800 sch/m.

Ein MPi-Schütze im Häuserkampf feuert, im Rauch einer Explosion stehend, in ein Haus hinein. Yom Kippur, Oktober 73.

Thompson M1A1 mit 30-Schuß-Magazin.

Die nun entwickelten Maschinenpistolen hatten ein relativ hohes Eigengewicht aufgrund des Massenträgheitsverschlusses, des schweren, für Dauerfeuer eingerichteten Laufs und des nach vorn verlegten Stangen- oder Trommelmagazins. Die Herstellungskosten verringerten sich erheblich, als man während und nach dem II. Weltkrieg dazu überging, Gehäuse und Griff im Stahlblech-Prägeverfahren herzustellen. Die MPi war grundsätzlich ein Massenprodukt, an das keine großen Anforderungen im Hinblick auf Treffergenauigkeit gestellt wurden; sie war für den Nahkampf unter 150 m gedacht und sollte durch den Streueffekt die Trefferwahrscheinlichkeit erhöhen. Sie kostete weit weniger als eine Faustfeuerwaffe, war einfacher in der Handhabung und durch die Feuerkraft auch wirksamer, obwohl sie Pistolenmunition verschoß. Es war die ideale Waffe für alle Soldaten, die aufgrund ihrer Funktion ein handliches Kampfmittel brauchten: Panzerfahrer, Funker, Kommandeure, aber auch Luftlandetruppen und Kampftaucher, etc.

Diese Handlichkeit in Verbindung mit der gebündelten Feuerkraft ließ die MPi so attraktiv für Gesetzeshüter, aber auch für Gesetzesbrecher werden. Im Zuge der ansteigenden Kriminalität wurde die Polizei damit ausgerüstet, obwohl die MPi die am wenigsten typische Polizeiwaffe ist.

MP 38/40 Kaliber: 9 mm Para.
Die von der Erfurter Maschinenfabrik hergestellte Waffe war die berühmteste Entwicklung auf diesem Sektor während des II. Weltkrieges. Sie war auch die erste Waffe, die in großen Stückzahlen im Blechprägeverfahren hergestellt wurde. Gewicht: 4,14 kg, Länge: 83,2 cm, Feuerkadenz: 500 sch/m, Magazin-Kapazität: 32 Patronen. Sie kann heute noch, zumeist aus östlichen Lagern kommend, als Combat-Waffe in den Händen von Guerillas und Insurgenten in Ländern der Dritten Welt angefunden werden.

Die Nachteile der MPi liegen in ihrer Technik. Mit nur wenigen Ausnahmen sind alle Waffen dieser Art mit einem zuschießenden Verschluß ausgestattet, d. h., im gespannten Zustand ist der Masseverschluß in rückwärtiger Stellung arretiert, beim Abdrücken treiben die Hauptfedern den Verschlußblock in Richtung auf den Lauf zu, wobei der untere Teil des Verschlußkopfes eine Patrone aus dem Magazin streift und in das Lager einführt. In diesem Moment zündet der fest eingebaute Schlagbolzen die Patrone, die den Verschluß nach Über-

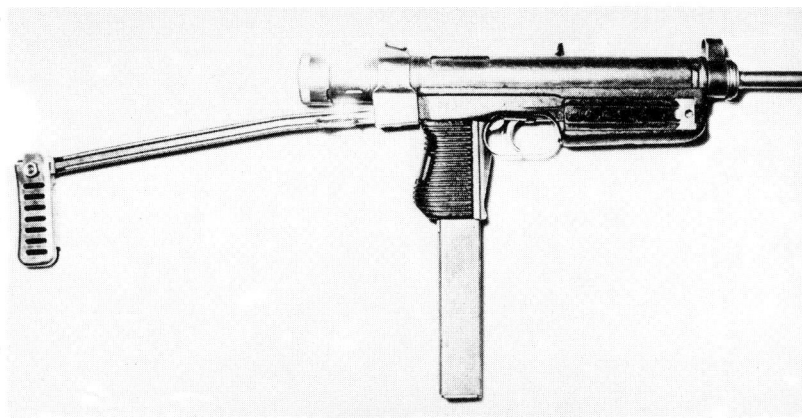

Kolometna Pistole (MPi) VZ 25; Kaliber: 9 m Para oder 7,62 mm (VZ 23). Diese tschechoslowakische MPi war das Vorbild für die Uzi und andere Mpis dieser Bauweise. In großen Stückzahlen wurde sie in Länder der Dritten Welt exportiert, wo sie als Guerilla-Bewaffnung auftaucht.
Gewicht: 3,09 kg; Länge: 68,5 cm; Feuerkadenz: 600 sch/m; Magazine: 24 und 40 Schuß Stangenmag., doppelreihig.

Die zerlegte VZ 25 zeigt, wieweit der Verschluß über den Lauf übergreift. Die Waffe kann ohne Werkzeuge auseinandergenommen werden. Mit angeklapptem Schaft dient das Schulterstück als Vordergriff zum Regulieren der Waffenbewegung beim Feuerstoß.

windung der ihm eigenen Trägheit wieder auf seine Ausgangsstellung zurücktreibt, wobei die leere Hülse durch den Auszieher aus der Waffe geschleudert wird.

Ein wirklich präzises Zielen und Treffen wird durch die Vorwärtsbewegung des schweren Blockes und die damit verbundene Schwerpunktverlagerung nahezu unmöglich gemacht. Die nachfolgenden Schüsse eines Feuerstoßes liegen oberhalb des ersten Treffers, da Rückstoß und Rücklaufbewegung des Blockes die Waffe hoch- und zurückdrücken. In Kenntnis dieser Tatsache und um ein besseres Zusammenhalten der Garbe zu gewährleisten, haben die Waffentechniker versucht, den Schwerpunkt so weit wie möglich nach vorn zu verlegen. Es entstanden die MPis, bei denen der Lauf in einer Aushöhlung des Verschlußblockes liegt, was zu einer äußerst kompakten Form beigetragen hat (z. B.: Uzi, Ingram, Steyr). Neben dem Nachteil der verwendeten Vollmantelmunition für den Polizeigebrauch bildet die beschriebene Funktionsweise ein nicht zu unterschätzendes Sicherheitsrisiko. Oft genügt ein Fallenlassen oder Aufstoßen der Waffe, um den Verschlußblock nach hinten zu reißen und einen oder mehrere Schüsse auszulösen.

Beim Spannen der Waffe kann die Hand abrutschen, bevor der Verschluß in der Ausgangsposition eingeklinkt ist, und ein oder mehrere Schüsse lösen sich ungewollt (im folgenden als AD bezeichnet »accidential discharge«). Dies geschieht auch häufig beim Entspannen, wenn der Schütze das Magazin in der Waffe vergißt. Unfälle dieser Art ereignen sich häufiger als allgemein angenommen wird, und sie widerfahren auch versierten Schützen.

Je nach Typ haben verschiedene MPi-Modelle Sicherungen, die den ADs vorbeugen sollen. Oft ist dadurch aber nur die Handhabung kompliziert geworden. Fest steht nur eins: Die Maschinenpistole mit ihrer Streuwirkung, der hohen Durchschlagskraft ihrer Munition, der Problematik ihrer Feuerkontrolle und der risikoreichen Handhabung gehört nicht in das Arsenal der Polizei, die immer wieder mit dem Problem konfrontiert ist, ihre Waffen ohne Gefährdung Unbeteiligter einzusetzen.

Im militärischen Bereich hat die MPi ihre Vorrangstellung dem Sturmgewehr oder Maschinenkarabiner räumen müssen.

Meine persönliche Auffassung geht dahin, zu behaupten, daß es bei der Kampfentfernung unter 100 m nichts gibt, was eine Faustfeuerwaffe in der Hand eines geübten Schützen nicht ebenso gut oder sogar besser kann als eine MPi.

Heckler & Koch VP 70 als Pistole Kaliber 9 mm Para.

VP 70 mit Schaft, die die Faustfeuerwaffe in eine Maschinenpistole umwandelt, der Umschalthebel von Einzel- auf Feuerstoß ist an der linken, oberen Kolbenseite zu erkennen.
Die VP 70 A1 (mit Schaft) wiegt geladen mit dem 18-Schuß Magazin 1,33 kg und hat eine Länge von 54,5 cm. Sie erscheint als die ideale Zusatzwaffe für Spezialeinheiten und Kommandos.

An dieser Stelle müssen noch einmal die Faustfeuerwaffen mit Dauerfeuer-Einrichtung und Anschlagschaft Erwähnung finden, da in den vergangenen Jahren einige Neuentwicklungen auf den Markt kamen. Die meisten dieser Modelle sind sehr schlecht im Dauerfeuer zu kontrollieren. Jedoch brachte Heckler & Koch eine Neuerung heraus, die dieses Problem löst: Burstfire – die Dauerfeuerschaltung beschränkt den Feuerstoß auf drei Schuß pro Druck auf den Abzug, bei gleichzeitiger Kadenz von fast 2000 Schuß in der Minute. Das Ergebnis ist eine hervorragend kleine Streuung der Trefferlage und ein gutes »Haushalten« mit der Munition. Vielleicht zeichnet sich hier eine neue Entwicklungsrichtung für die Militärpistole ab.

Sten Mark II Kaliber 9 mm Parabellum.
Die Sten wurde 1941 in der Enfield Fabrik von Sheppard und Turpin entwickelt, und stellte die Notlösung Englands dar, weil trotz Material- und Zeitknappheit eine brauchbare Maschinenpistole für die Truppe herausgebracht werden mußte.
Die Herstellungskosten der Sten waren äußerst gering (damals 9 Dollar) und die Waffe konnte in jeder kleinen Werkstatt nachgebaut werden. Da sie ein rohes billiges Aussehen hatte wurde sie allgemein als »Woolworth Gun« bezeichnet, war aber trotz ihrer Primitivität besser als ihr Ruf. Mit etwas Pflege ist die Sten durchaus eine verläßliche Waffe.

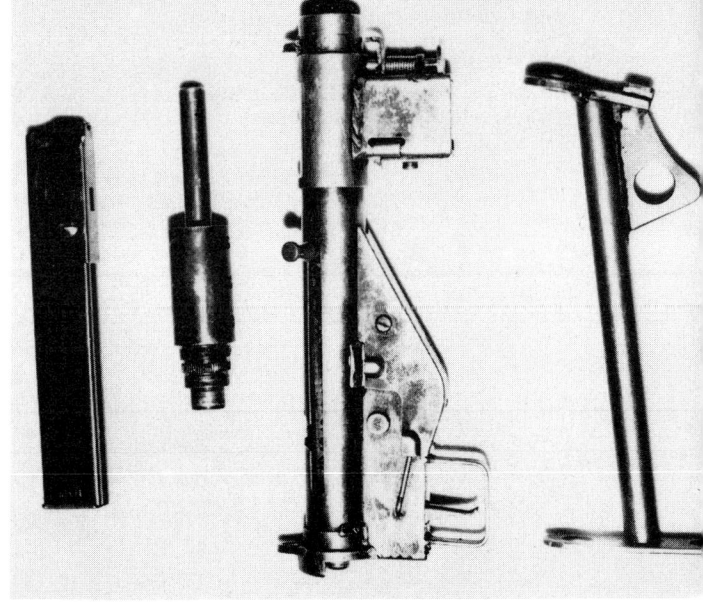

Sten Mark II zerlegt zum verdeckten Transport (Handtasche, Versteck etc.). Mit vier Griffen läßt sich die Sten aus diesem Zustand in eine feuerbereite Waffe verwandeln. Photo demonstriert warum diese Waffe für Untergrund und Guerilla Aktivität so beliebt war und ist.
Gewicht: 2,99 kg; Länge 76 cm; Magazin: 32 Schuß; Feuerkadenz: 550 sch/m.

Der Nachfolger der Sten: Die 9 mm Para Sterling L2A3.
Länge: 71 cm; Gewicht: 3,48 kg; Feuerkadenz: 550 sch/m.; Magazin: 34 Patronen.

PPSHa 41 Kaliber: 7,62/030 g (identisch mit 7,63 Mauser). Die Entwicklung der PPSHa wurde beeinflußt durch die Verluste der russ. Armee im Winterfeldzug gegen die Finnen 1939–40, in dem die Finnen ihre Suomi Mpis mit durchschlagender Wirkung einsetzten. Aufgrund ihres hohen Gewichtes läßt sich die PPSHa 41 hervorragend im Dauerfeuer kontrollieren, der Rückstoß ist kaum spürbar.

Das 71schüssige Trommelmagazin wurde gegen Ende des Krieges durch ein unkomplizierteres, gebogenes Stangenmagazin mit 35 Patronen abgelöst. Entgegen legendenhaften Behauptungen gab es bei der Trommelausführung doch Ladehemmungen.
Länge: 84 cm; Gewicht: 3,64 kg, Feuerkadenz: 800–900 sch/m.

PPS 43 Kaliber: 7,62 mm/030G.
Die Nachfolgeversion der PPSHa 41; für Fallschirmtruppen entstand aus dem Verlangen nach Senkung der Herstellungskosten der russ. MPi. Gewicht: 2,99 kg; Länge 89 cm; Feuerrate: 700 sch/m – nur für Dauerfeuer eingerichtet –.

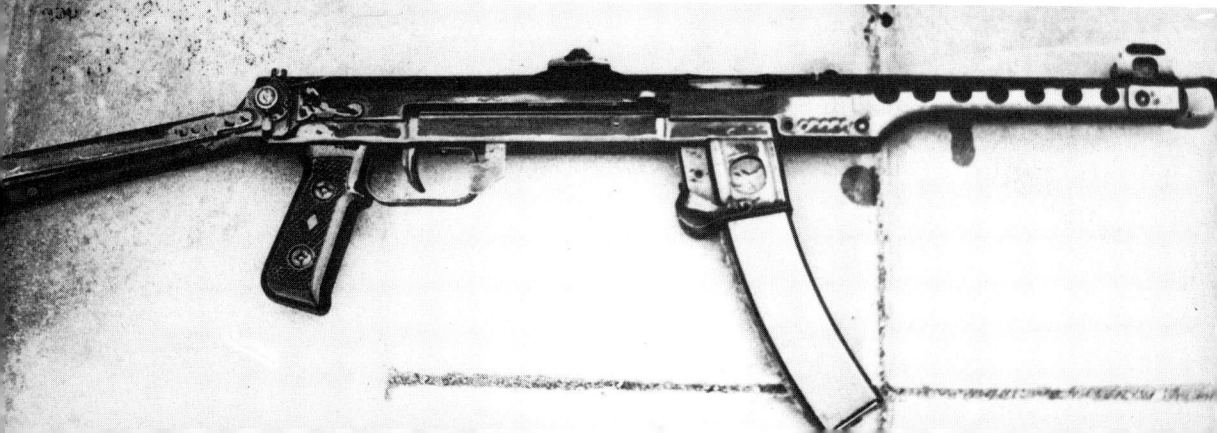

Karl Gustav M45B, 9 mm Parabellum.
Die schwedische Mpi Karl Gustav, die auch in Ägypten unter der Bezeichnung »Port Said« hergestellt wird, ist ein typisches Beispiel für die Nachkriegsentwicklung der Waffenherstellung dieses Typs. Ausgerichtet am Beispiel der Sten, ist sie eine typische rückstoßladende Maschinenpistole mit Massenverschluß, deren Hauptteile aus Rohrstahl und Stahlblech hergestellt sind.

Zur Reinigung zerlegt, zeigt diese Aufnahme die verschiedenen Teile der Waffe und des Magazins. Die Zuverlässigkeit dieser Waffe wird beeinträchtigt durch die dünnwandigen Magazinlippen, die nach längerem Gebrauch brechen und Ladehemmungen verursachen (double-feeding).
Gewicht: 3,5 kg; Länge: 80,6 cm; Kadenz: 600 sch/m;
Magazinkapazität: 36 oder 50 Schuß Stangenmagazin – nur für Dauerfeuer eingerichtet –.

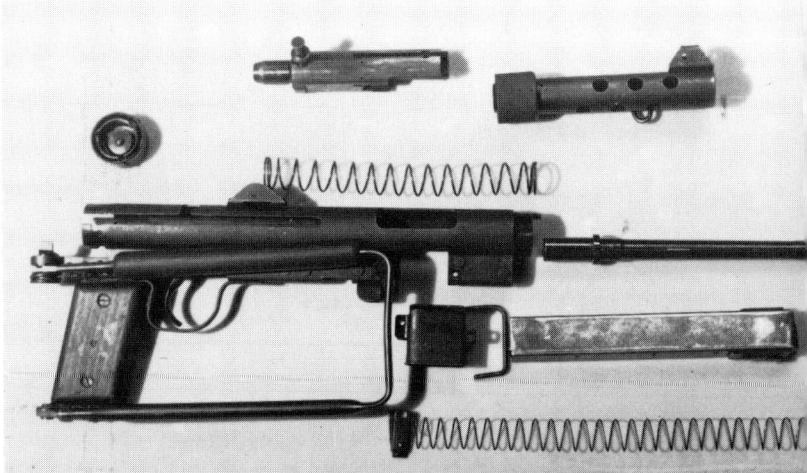

MAT 49, 9 mm Para.
Diese französische Waffe, die sich in den Konflikten Indochina und Algerien bewährt hat, besitzt einige außergewöhnliche Eigenschaften: Staubdeckel über der Auswurföffnung, Griffstücksicherung und klappbares Magazingehäuse, das es erlaubt, die MPi mit Magazin gefahrlos zu transportieren und mit ihr im teilgeladenen Zustand abzuspringen (Fallschirm!).
Gewicht: 3,63 kg; Länge: 66 cm, Kadenz: 600 sch/m;
Magazin: 32 Schuß – nur Dauerfeuer, einschiebbarer Schaft fehlt an der abgebildeten Waffe –.

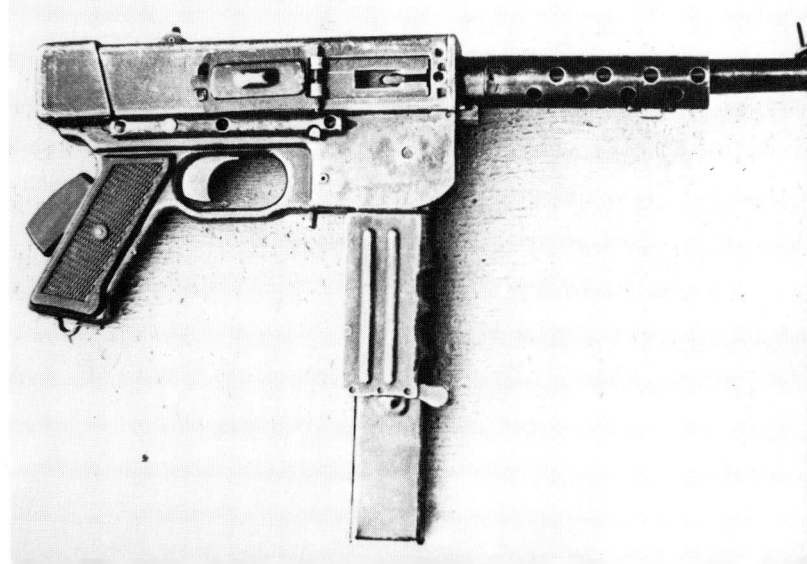

Beretta MAB M4 9 mm Para.
Die Waffe ist auch bekannt unter der Typenbezeichnung MAB 38/49 und steht repräsentativ für eine lange Linie ähnlicher Versionen der italienischen Firma. Sie war nach dem Krieg Ordonnanzwaffe der Polizei und des Zolls in Deutschland und mag in einigen Bundesländern noch in Gebrauch sein. Gewicht: 3,25 kg; Länge: 79 cm; Kadenz: 550 sch/m; Magazine: 20 und 40 Schuß Stangenmagazin. Der erste Abzug ist für Einzelschuß der zweite für Dauerfeuer.

Beretta M 12, 9 mm Para
stellt den gelungenen Versuch der italienischen Firma dar, eine kompakte und leicht zu kontrollierende Waffe herzustellen. Gewicht: 3 kg; Länge: 64,5 cm (Schaft eingeklappt: 41,8 cm); Feuerkadenz: 500–550 sch/m; Magazine: 20, 32 und 40 Schuß.

Uzi MP 2, 9 mm Para.
Die israelische Uzi ist wohl die erfolgreichste und weitverbreiteste MPi der Nachkriegszeit. Nicht zuletzt auf dem nahöstlichen Kriegsschauplatz erprobt war sie Vorbild für die MPi-Entwicklung in vielen Ländern. Sie wird außer in Israel auch in Belgien bei FN Lüttich hergestellt.
Gewicht: 3,5 kg, Länge: 64 cm; Feuergeschw.: 550 sch/m; Magazine: 25, 32 oder 40 Schuß. Abbildung zeigt Uzi mit Schaft eingeklappt und zwei 25-Schuß Clips die durch eine Halterung kreuzartig verbunden sind.

Ingram M 10 Kaliber: 9 mm Para oder .45ACP, .380 Auto (M11). Eine der kompaktesten Mpis auf dem Weltmarkt und ein »Lieblingspielzeug« der U. S. Spezial Forces. Waffe kann einhändig geschossen werden mit dem Mittelfinger durch die Leinenschlaufe oder zweihändig und läßt sich außerordentlich gut im Feuerstoß halten. Gewicht: 3 kg; Länge: 27 cm; Feuerkadenz: 800 sch/m; Magazin: 30 Patronen.

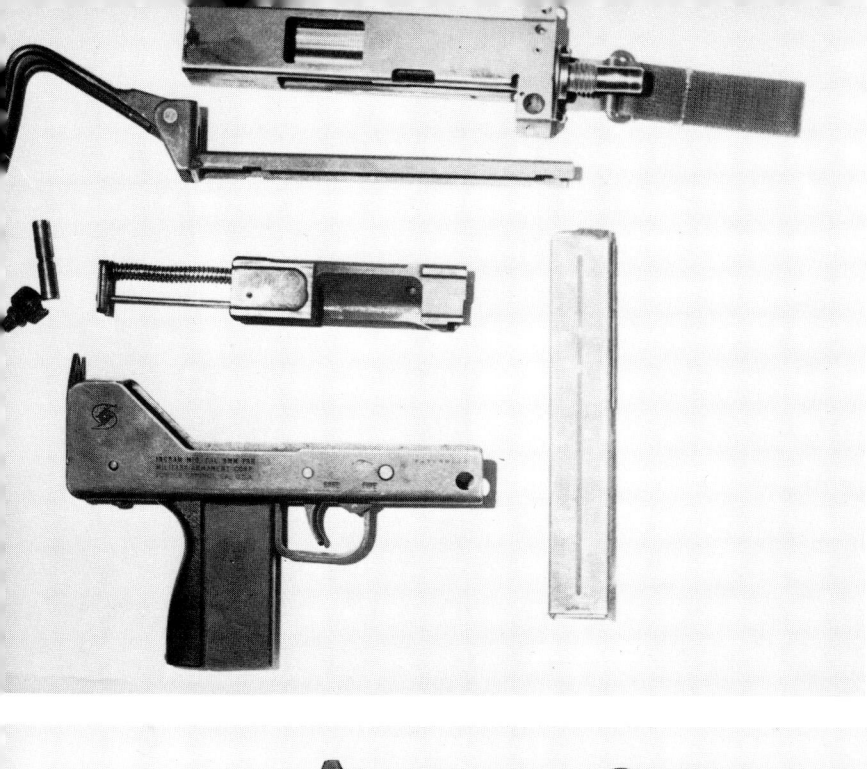

Ingram M10 zerlegt.

Walther MPL und MPK 9 mm Para.
Nur für Feuerstöße eingerichtete, sehr kompakte und angenehm zu schießende Waffe. Gewicht MPK: 2,8 kg — MPL: 3 kg; Länge MPK: 65,9 cm — MPL: 74,6 cm; Feuerkadenz 550 sch/m; Magazin: 32 Schuß.

Heckler & Koch MP 5 A2 und 5A3 Kaliber: 9 mm Para.

Diese Maschinenpistole, die bei Polizei, Bundesgrenzschutz und den dt. Sondereinheiten eingesetzt ist, unterscheidet sich von der großen Masse anderer MPi-Entwicklungen durch den aufschießenden Verschluß, und dem beweglich abgestützten Rollenverschluß, der ein sehr präzises Feuern dieser Waffe erlaubt.
Gewicht (mit einschiebbarer Schulterstütze): 2,55 kg; Länge: 68 cm; Feuerkadenz: 750 sch/m; Magazinkapazität: 30 Patronen.

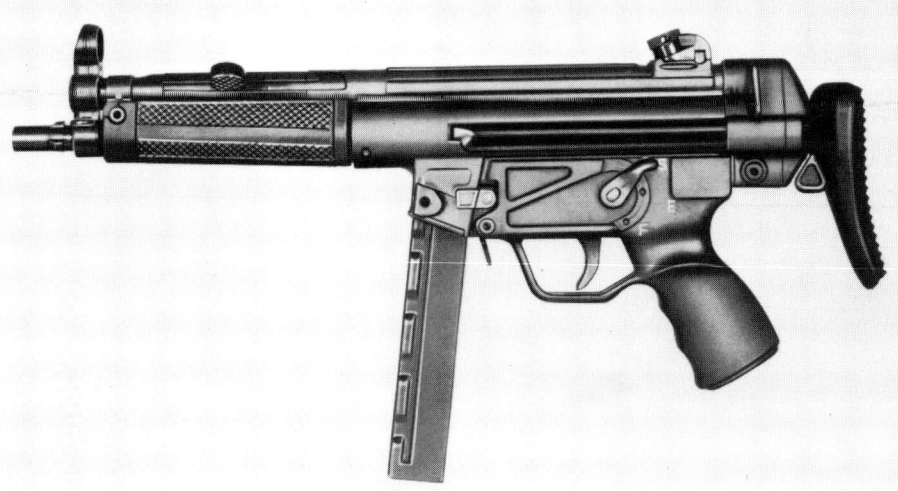

DIE EWIGE BRAUT – DAS GEWEHR

»Schütze Meier Zwo, warum ist Ihr Gewehr so dreckig? Wissen Sie nicht, daß das Gewehr die Braut des Landsers ist?« – »Doch Herr Feldwebel, aba ick habe mir entlobt!«
Witze dieser Art gehören zur Grundausbildung eines jeden Soldaten, wie auch das Gewehr, bzw. die Ausbildung am Gewehr, zur Grundausbildung des Militärs gehört.
Repetiergewehr, halb- oder vollautomatisch, Flinte oder Büchse sind die am einfachsten zu schießenden Waffen, deren Gebrauch man nicht verlernt. Drei Kontaktpunkte ermöglichen einen festen und ruhigen Anschlag: Linke Hand am Vorderschaft, rechte Hand am Kolbenhals oder am Pistolengriff und die Kolbenkappe in die Schulter gedrückt, die Wange wird an die Schaftbacke gelegt und automatisch befindet sich das rechte Auge über der Visierlinie; einfacher geht es nicht!
Mit der Einführung der Metallpatrone stand der Entwicklung des Repetiergewehrs und der daraus folgenden Selbstlader-Systeme nichts mehr im Wege. Schon während des I. Weltkrieges wurde der Vorteil der hohen Feuerkraft eines Selbstladegewehrs gegenüber dem manuell zu betätigenden Standard-Repetiergewehr erkannt. Jedoch wurde die Einführung dieser Waffensysteme von konservativen Generälen behindert. Dabei spielte die völlig falsche Einschätzung der Erfordernisse im Infanteriegefecht eine wesentliche Rolle: Selten findet ein Schußwechsel auf Entfernungen über 300 m statt (und selbst dann löst der MG- oder Zielfernrohr-Schütze dieses Problem besser als der durchschnittliche Infanterist). Die Infanteriegewehre des I. und II. Weltkrieges waren aber aufgrund ihrer starken Pulverladung und ihres fest verriegelten Verschlusses für Schußentfernungen über 750 m treffgenauer.
Nicht ausreichend berücksichtigt wurde die Notwendigkeit von Feuergeschwindigkeit und -volumen, die psychologische Situation, die den Schützen zu instinktivem, rapidem und ungezieltem Schießen veranlaßt und die Häufigkeit des Nahkampfes, hierfür wurde von der

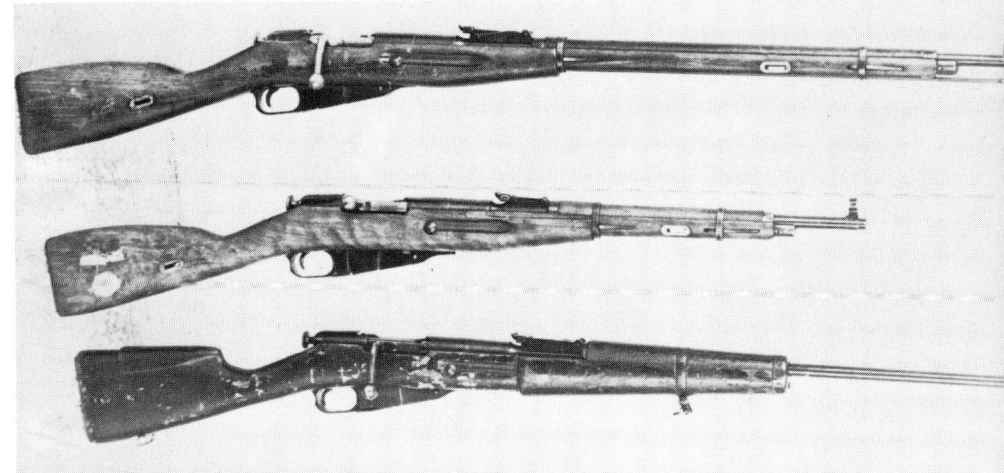

Moisin-Nagant, 7,62 mm/091 g.
Repetiergewehre der russischen Moisin-Nagant-Reihe mit fünfschüssigem Mittelschaftmagazin waren die Standardwaffen der Roten Armee während des I. und II. Weltkriegs. Von oben nach unten: M1930, Karabiner 1944 und ein abgeändertes M1930 als Scharfschützengewehr mit besonderer Schäftung und Mündungsfeuerbremse.

in Ehren ergrauten Generalität immer wieder auf die legendäre Königin des Schlachtfeldes verwiesen – das Bajonett.

Jedoch setzte sich der Selbstlader im Verlauf des II. Weltkrieges immer mehr durch. Es entstand jene fast ideale Form der Infanteriewaffe, der Maschinenkarabiner, dessen Erfolg in der Nachkriegszeit insbesondere auf der Verwendung einer »Kurzpatrone«, also einer mittelstarken Infanteriepatrone, beruhte.

Die Zahl der verschiedenen Verschlußsysteme für Repetierwaffen ist groß, sie alle beruhen auf einer festen Verriegelung, die durch manuelle Betätigung des Schützen aufgehoben wird, der damit auch den Ladevorgang vollzieht. Die erste erfolgreiche Mehrladewaffe dieser

Der Fallblockverschluß, wie hier bei einem Ruger-Jagdgewehr erlaubt das Experimentieren mit stärksten Patronenlaborierungen.

Art war das Winchester-Unterhebelgewehr, das dank der Western-Romantik bis in unsere Zeit beliebt ist. Ihm verwandt ist das Pump-action-System, bei dem die linke Hand den beweglichen Vorderschaft, der um das unter dem Lauf befindliche Röhrenmagazin gelagert ist, hin und her bewegt und so die Waffe lädt und spannt. Beide System konnten sich, obwohl sehr schnell und handlich, im militärischen Bereich nicht durchsetzen, wo man das einfachere Kammerhebel-System à la Mauser und Enfield, vorzog, deren Variationen in fast allen Staaten in Verbindung mit einem integralen Kastenmagazin verwendet wurden. Alle diese Waffen wurden mit Ladestreifen geladen, obwohl die Enfield- oder Schmidt-Rubin-Serien schon separate Magazine hatten. Der nächste Schritt in der Entwicklung war die Einführung von halbautomatischen Gewehren, deren Funktion auf Rückstoß oder Gasdruck beruhte. Bei den Gasdruckladern wurde nahe der Mündung der Lauf angebohrt und ein Teil des Gasdruckes der explodierenden Patrone dazu ausgenutzt, mittels eines Gaskolbens den Verschluß zu entriegeln, ihn zurückzutreiben, gleichzeitig die leere Hülse auszuziehen und den Verschluß zu spannen, bis die zusam-

Die Phantomzeichnung des Ruger Mini-14 im Kaliber .223 zeigt die Funktionsvorgänge eines Gasdruck-Selbstladegewehres.

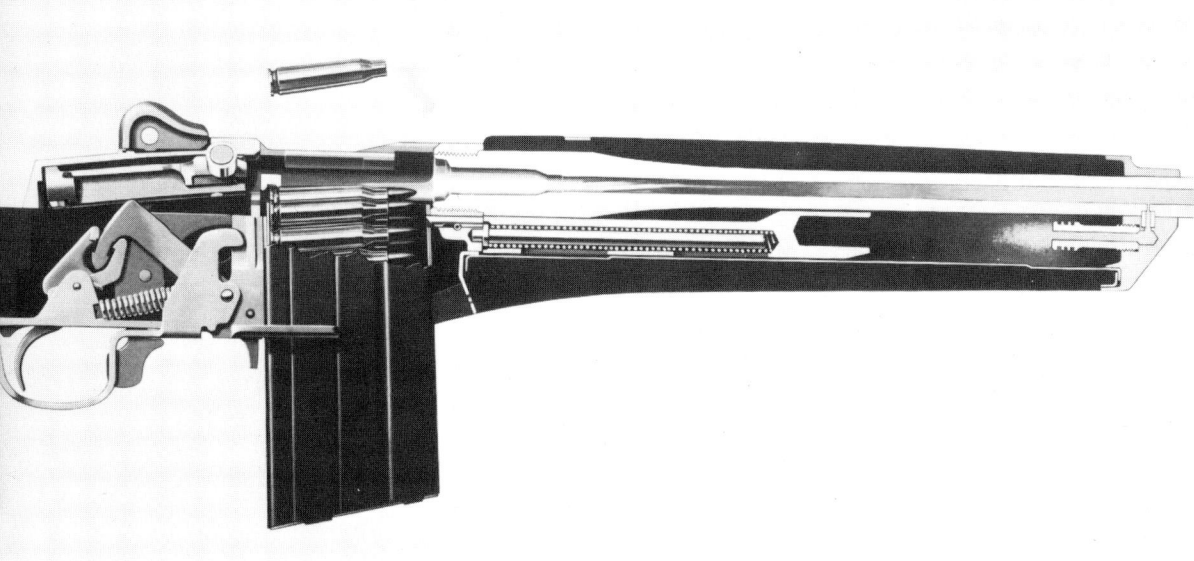

mengedrückte Hauptfeder die Rückwärtsbewegung auffängt, den Verschluß wieder nach vorn treibt und dabei eine neue Patrone lädt. Alle Selbstlader sind abhängig von dem entstehenden Gasdruck und damit von der Patrone, funktionieren also nur in einer gewissen Toleranzbreite und benötigen Standardmunition.

In ihrer Präzision sind sie den Repetiergewehren mit ihrem fest verriegelten Verschluß unterlegen und eignen sich daher auch nur bedingt als Scharfschützenwaffen. Ihr Vorteil liegt in ihrer schnellen Schußfolge, jedem Druck auf den Abzug folgt der Schuß. Dem Schützen erlauben Selbstlader eine bessere Konzentration auf das Ziel und das Gefecht, obwohl sie eine höhere Feuerdisziplin erfordern; Munitionsvergeudung liegt nahe.

Halbautomatische Selbstladegewehre: MAS 49, Kaliber 7,5 mm/Mle29. Gewicht: 4,54 kg; Länge: 110 cm; Magazin: 10 Schuß, abnehmbar. U. S. Garand, Kaliber: .30-06. Das erste Selbstladegewehr, das von einer Armee als Standardwaffe eingeführt wurde. Die Waffe hat ein Mittelschaftmagazin, das einen 8-Schuß Ladestreifen aufnimmt. Das Garand lag dem späteren M14 zugrunde, welches ein 20-Schuß Magazin lädt. Gewicht: 4,37 kg, Länge: 110 cm.
Vz 52, Kaliber 7,62 mm/vz43.
Tschechoslowakischer Selbstlader der auf dem System des deutschen Maschinenkarabiner b42(W) aufgebaut war. Gewicht: 4,08 kg; Länge: 101 cm; Magazin: 10 Schuß, abnehmbar.

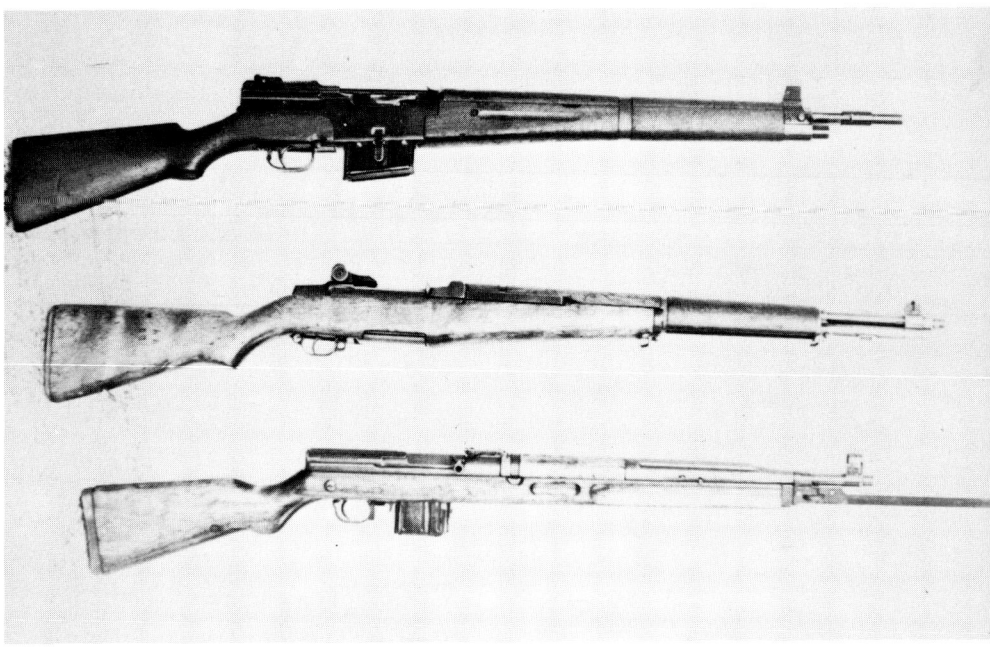

Sturmgewehr 44, Kaliber 7,92 x 33 mm.
Diese deutsche Waffe war der wirkliche Vater des Sturm- oder Maschinenkarabiners, Vorbild für den erfolgreichen AK 47. Gewicht: 5,12 kg; Länge 94 cm; Magazin: 30 Schuß; Feuerkadenz: 500 sch/m.

Gleichzeitig sind sie störanfälliger und verlangen vom Benutzer mehr Pflege und Handfertigkeit bei der Beseitigung eventueller Ladehemmungen.
Während die meisten halbautomatischen Gewehre die normale, rückstoßstarke Infanteriepatrone verschossen, erforderten die gegen Ende des Krieges in Deutschland eingeführten Maschinenkarabiner eine neue schwächere Pulverladung, die insbesondere das Kontrollieren des Feuerstoßes ermöglichen sollte. Grund für die Entwicklung dieser vollautomatischen Waffe war die Schaffung einer Standardwaffe für den Infanteristen, die gleichzeitig die Funktionen von Gewehr, MPi und LMG übernehmen konnte. Die Fortführung dieser Idee erfolgte zu Beginn der sechziger Jahre mit der Einrichtung von »Waffenfamilien«, d. h. eines Systems, das durch Auswechseln von Munitionszuführungen von Läufen und Schäften, beliebig zum Karabiner, zum Sturmgewehr, zur MPi oder zum LMG abgewandelt werden kann. Den meisten dieser »Familien« liegt die neue amerikanische Standardpatrone .223 zugrunde, deren Leistung zwar weit unter der 7,62 mm Nato liegt, die es aber zum ersten Mal erlaubt, die Waffe selbst beim Dauerfeuer im Ziel zu halten. Darüber hinaus ist ihre Schockwirkung auf Entfernungen bis zu 150 m berüchtigt. Die Waffen der sowjetisch beherrschten oder beeinflußten Hemisphäre sind für die russische Kurzpatrone 7,62 x 39 mm M43 ausgelegt, deren berühmtester

Sinnbild für den Guerilla-Kampf: Der AK 47, hier mit Magazintasche für 5 Clips und französische Palladium-Leinenschuhe.

Vertreter die in einer Stückzahl von über 30 Millionen hergestellte Kalashnikow-Serie ist (AK 47, AKM und RPK).
Wenn von Combatwaffen in Bezug auf Gewehre die Rede sein wird, so betrifft das natürlich nur militärische Waffen. Jedoch sind die Maxime für den Gebrauch, die hier angeführt werden, selbstverständlich auch auf Jagdgewehre anwendbar, sofern diese für den Verteidigungszweck herangezogen werden. Im Hinblick auf die Munition wird dabei natürlich nur die militärische Vollmantel-Patrone berücksichtigt mit all ihren Vor- und Nachteilen. Jagdmunition mit Teilmantel-, Bleispitz- oder Hohlspitzgeschossen hat noch einen viel größeren »Combat-Mannstoppwert«.

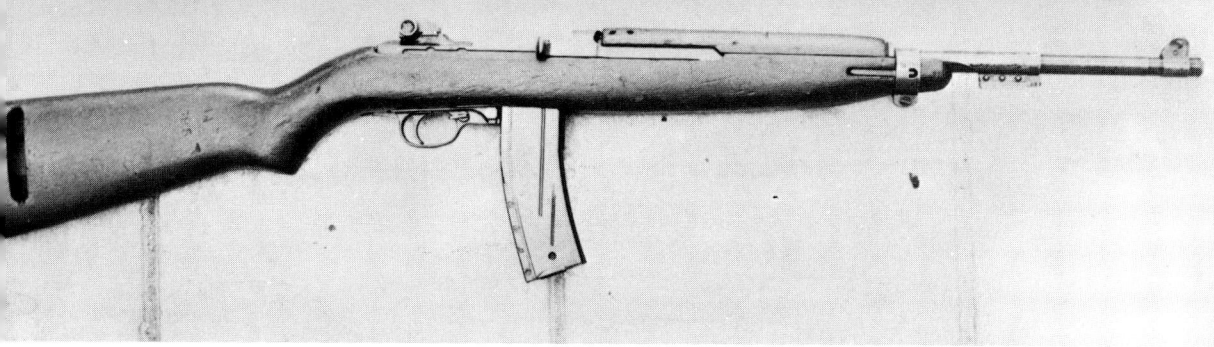

Ein Querschnitt durch die militärischen Karabiner und Sturmgewehre der Nachkriegszeit:
Carbine M1 Kaliber 0.30 Carbine
.Dieser von »Carbine Williams« entworfene leichte, halbautomatische Karabiner sollte die Pistole als Seitenwaffe für Unteroffiziere und Nachschubpersonal ersetzen. Wegen seiner hervorragenden Führungslage und seines geringen Gewichtes beliebt, war sein Combatwert aufgrund der verwandten Munition recht zweifelhaft. Eine spätere Version mit Klappschaft der M1A1 und ein Modell mit Umschalthebel auf Dauerfeuer, der M2 wurden ebenfalls in großen Stückzahlen hergestellt und können in vielen Ländern der Dritten Welt angetroffen werden. Gewicht: 2,5 kg; Länge: 90,5 cm; Magazine: 15 und 30 Schuß.

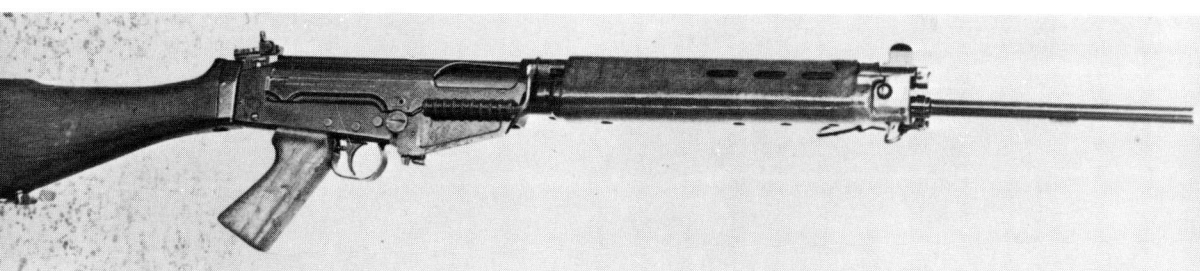

FN–FAL Kaliber: 7,62 mm x 51 mm (NATO)
Das FN-FAL, zu Beginn der fünfziger Jahre entwickelt ist z. Zt. in mehr als einem Dutzend Länder der westlichen Hemisphäre Standardgewehr der Streitkräfte. Obwohl mit einem Umschalthebel für Dauerfeuer ausgerüstet, ist es im Feuerstoß äußerst schlecht im Ziel zu halten und neigt aufgrund seines mit Gasstellschraube versehenen Ladesystems zu Ladehemmungen und ist weiterhin sehr empfindlich gegenüber Verschmutzung. Wie viele Waffenentwicklungen leidet es unter einem zu dünnlippigen Magazin. Gewicht: 4,31 kg; Länge: 105 cm; Magazin: 20 Schuß. – Weitere Versionen: mit Klappschaft und als LMG mit einem verstärkten Lauf und Zweibein.

Beretta M59 Kaliber: 7,62 Nato

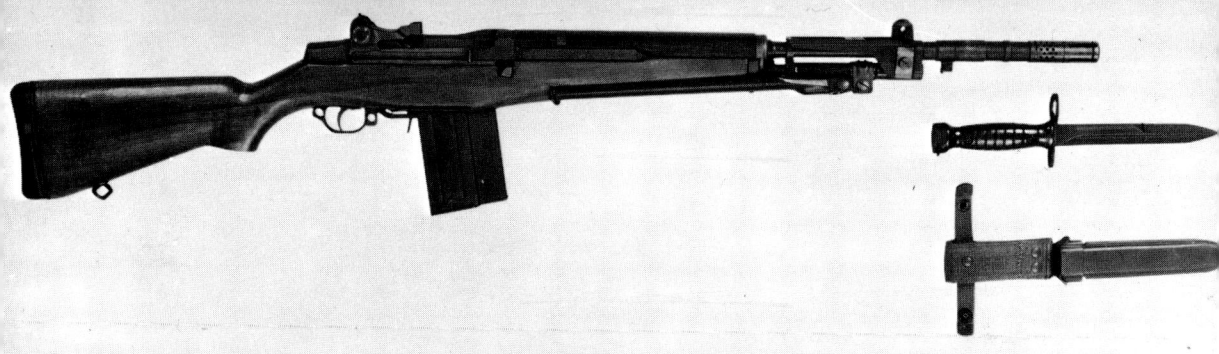

Dieses italienische Sturmgewehr ist eine europäische Kopie des amerikanischen M14 mit einigen verbesserten Eigenschaften, wie der Klappschaftversion für Spezialtruppen und dem schweren Mündungsfeuerdämpfer, der ein erfolgreiches Schießen der Waffe im Dauerfeuer erlaubt. Besonders bemerkenswert ist eine Vorrichtung über der Ladeöffnung, die es erlaubt die Magazine in der Waffe mit Ladestreifen zu laden. Gewicht der Stgw-Version: 4,35 kg; Länge: 109 cm; Kadenz: 800 sch/m; 20-Schuß Magazin.

Beretta Mod. 70/ Kaliber: .223 (5.56 mm)

Dies ist der italienische Anschluß an die Tendenz der westl. Länder Waffenfamilien im Baugruppenverfahren herzustellen, die durch Auswechseln von Schäften, Läufen und durch Adaption von leichten Zweibeinen in Karabiner, Mpis, Sturmgewehre oder LMGs verwandelt werden können, dabei immer von der Basisbaugruppe, dem Verschlußgehäuse mit Gasdruckladesystem und Abzugsgruppe ausgehend. STWG-Länge: 94 cm; Gewicht: 3,43 kg; Kadenz: 630 sch/m; Magazin: 30 Patronen.

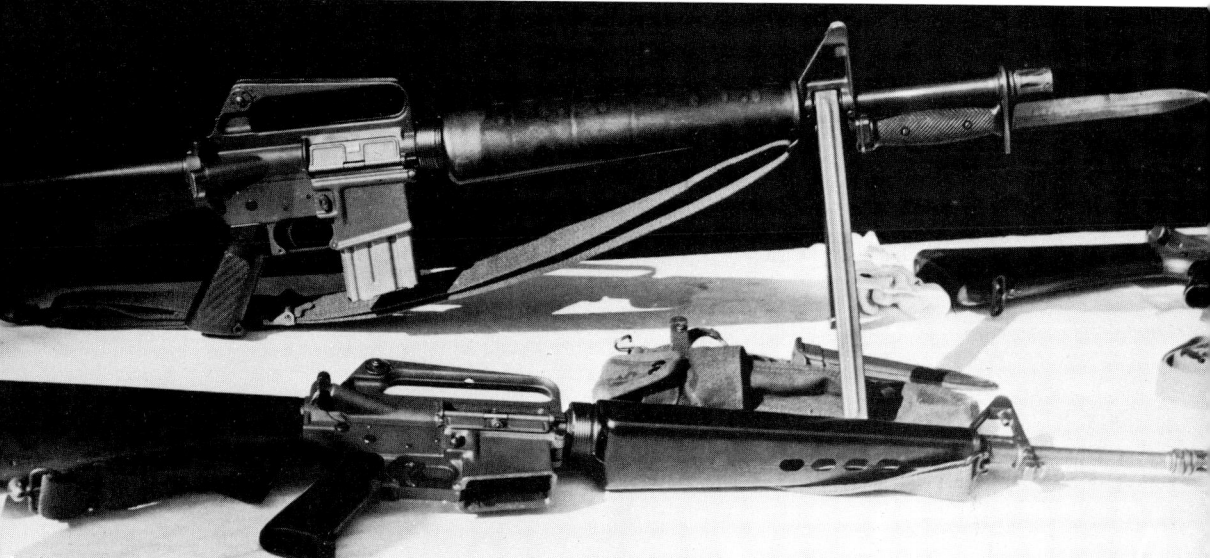

U. S. M16A1 Kaliber: .223
Die derzeitige Standardwaffe der US-Armee, hergestellt unter den Gesichtspunkten von Massenproduktion und Kostensenkung, besteht sie aus Stahlblech-Prägegehäuse und Plastikschäftung. Laut Erfahrungsberichten neigt die Waffe bei Verschmutzung zu Ladehemmungen und ist für eine Militärwaffe zu zerbrechlich. Gewicht: 2,9 kg; Länge: 9,9 cm; Kadenz: sch/m; Magazine: 20 und 30 Schuß.

AKM Kaliber 7,62 x 39 mm/M43
Dies ist die letzte Version der Kaltschnikow-Serie, der in Erfurt hergestellten AKM. Im Gegensatz zum AK 47 ist hier das Verschlußgehäuse im Blechprägeverfahren hergestellt, Griff und Oberschaft, sowie das Magazin sind aus Bakelit-Kunststoff. Die Waffe hat nicht die extreme Haltbar- und Belastbarkeit wie die älteren AK-Modelle, sie ist leichter und steigt daher noch stärker im Feuerstoß als das AK. Der Klappschaft in dieser Form ist unstabil und vermittelt keine gute Kopflage für den gezielten Schuß. Gewicht: 3,9 kg; Länge: 87 cm; Kadenz: 600 sch/m; 30-Schuß Magazine.

Ruger Mini-14 Kaliber: .223
Rugers verkleinerte Version des M14, eine halbautom. Präzisionswaffe könnte für die Ausrüstung von Polizei und Sicherheitskräften interessant werden.
Gewicht: 2,9 kg; 20 und 5-Schuß Magazine.

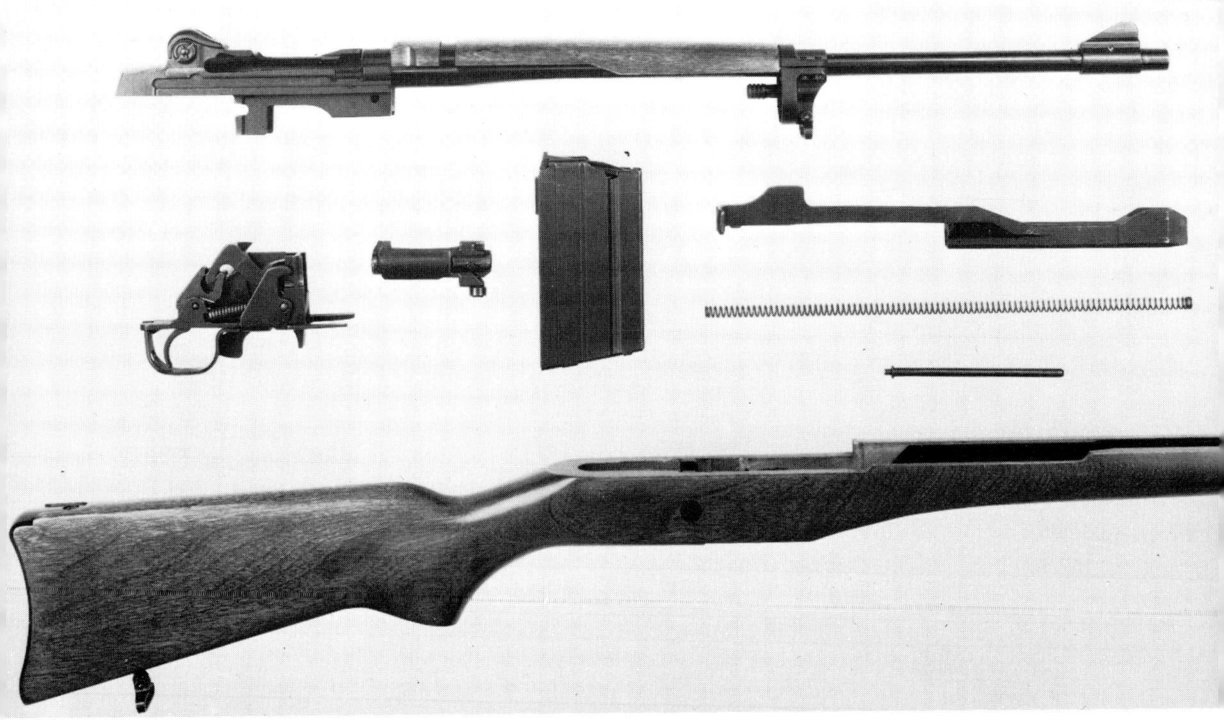

Galil Kaliber: .223
Diese israelische Entwicklung, die serienmäßig mit Zweibein, Klappschaft und Nachtvisierung ausgerüstet ist, mag das erfolgreiche Sturmgewehr von morgen sein. Es basiert auf dem System des AK und verschließt die Patrone .223 plus einer Gruppe von ca. 12 verschiedenen Raketen und Gewehrgranaten. Aufgrund seines Gewichts von 3,9 kg liegt es sehr ruhig im Feuerstoß. Eine verkürzte Version mit Pistolengriff am Vorderschaft wurde für Spezialtruppen entwickelt. Gewicht mit 50-Schuß Magazin: 4,9 kg, Länge: 95 cm; Kadenz: 650 sch/m; Magazine: 50, 35 und 12 Schuß (für Gewehrgranaten) — das Zweibein dient als Drahtschere —.

PRÄZISIONSGEWEHRE

Das Walther Scharfschützengewehr Kaliber .308 Win, Gewicht: 4,8 kg, Abzugsgewicht: 1000 g, fünfschüssig, mit verstellbarem Schaft.

Das Problem der »Geiselnahmen« machte die Forderung nach einer präzise schießenden Polizeiwaffe deutlich, die die Ausschaltung des Täters unter gleichzeitiger Rettung der Geisel ermöglichen sollte. In deutschen Polizeikreisen richtete man sich zunächst einmal, wie schon bei der Maschinenpistole erwähnt, am militärischen Vorbild aus. Für Scharfschützen der Armee waren die Standard-Sturmgewehre mit ausgesuchten Läufen, Stecherabzügen und Zielfernrohren versehen worden, was für den Kriegsfall völlig ausreiche, wenn der Scharfschütze lediglich als Feuerunterstützung im Infanteriegefecht dienen sollte. Für den Polizeigebrauch reichte die damit erreichte Präzision jedoch nicht aus; eine Tatsache, die man in Deutschland wieder einmal zu spät erkannte. Überhaupt war man bei Einsätzen dieser Art recht stümperhaft vorgegangen (Fürstenfeldbruck sollte nicht länger das einzige Beispiel dafür bleiben . . .). Dem Polizei-Präzisionsschützen muß für seinen Einsatz nicht nur ein Gewehr mit fest verriegeltem Verschluß, sondern auch eine Reihe verschiedener Treibladungen zur Verfügung stehen.

Für den Nachteinsatz gibt es sowohl Infrarot- als auch Restlichtaufheller (Starlight-Scope, SLS), für den Tageseinsatz oder den Schuß bei Dämmerlicht variable Zielfernrohre und optische Entfernungsmeßgeräte. Die Schäftung der Waffe sollte individuell verstellbar sein, ähnlich KK-Sportgewehren, und die Waffe sollte nur von *einem* Schützen benutzt werden, d. h. jedem Schützen seine eigene Waffe!

Starlightscope (SLS), hier eine britische Ausführung von Rank-Xerox, verstärken das Licht der Sterne, bzw. das vorhandene Restlicht und geben dem Schützen ein grünliches Zielbild mit recht scharfen Umrissen. Durch plötzlichen Lichteinfall werden sie unwirksam und benötigen eine kurze Zeit zur Regeneration. Je nach Ausführung wiegen sie bis zu 4 kg und werden dadurch im Zusammenhang mit dem Gewehr recht unhandlich.

Der Transport und die Aufbewahrung sollte in einem Gewehrkoffer erfolgen, in welchem Waffe, optisches Gerät, ballistische Tabellen und Munition in festen Halterungen gelagert sein sollten, um Dejustierungen zu vermeiden. Nur mit Hilfe der genannten Vorsichtsmaßnahmen kann ein weitgehendes technisches Versagen ausgeschaltet werden. Nur dann sind für den Präzisionsschützen alle Voraussetzungen erfüllt, um seinen Auftrag, die erfolgreiche Geiselbefreiung, ausführen zu können.

Die erwähnten Bedingungen sind keine Theorie, sie werden bei der Ausrüstung von amerikanischen SWAT-Schützen weitgehend als selbstverständliche Basis zugrundegelegt.

Heckler & Koch Scharfschützengewehr G3 SG/1. Kaliber: 7,62 mm x 51 Nato. Militärische Scharfschützenversion des G3 mit variablem Tageszielfernrohr (1,5–6fache Vergrößerung), Stecher, Spezialschäftung und Zweibein. Gewicht: 4,54 kg ohne Zielfernrohr; Länge: 104 cm; Feuerkadenz: 600 sch/m, 20 Schuß Magazin.

Heckler & Koch Scharfschützengewehr HK33 SG/1. Kaliber: 5,56 mm x 45 (.223). Scharfschützenversion im Transportkoffer mit Tageszielfernrohr (variabel 1,5–6fach); Gewicht der Waffe ohne Zielfernrohr: 4,08 kg; Länge: 94 cm, Kadenz: 750 sch/m; Magazin: 20 Patronen. Beide Waffen haben den Rollenverschluß, wie er auch bei der HK Maschinenpistole und der P9 eingeführt ist, und sind Rückstoßlader für Einzel- und Dauerfeuer.

SCHROTFLINTE = »ULTIMA RATIO«?

Der Gebrauch der Schrotflinte für die Selbstverteidigung oder als Polizeiwaffe mutet auf den ersten Blick wie ein Relikt aus der Zeit des

Wilden Westens an. Bei näherer Betrachtung erkennt man aber deutlich, welche idealen Möglichkeiten diese Waffe bietet. Die allgemein gebräuchlichen Jagdflinten mit ihren überlangen Läufen (meist zwischen 60 und 85 cm), ihren Choke-Bohrungen (Mündungsverengungen, die ein Zusammenhalten der Schrotgarbe bewirken) und ihrer geringen Munitionskapazität von zwei Schüssen bei doppelläufigen und vier bis fünf Patronen bei Repetier- oder automatischen Flinten sind natürlich keine Combatwaffen, haben aber oft als Notbehelf erstaunliche Dienste geleistet.

In früheren Zeiten nahm man allgemein eine Eisensäge zur Hand, um Jagdflinten durch Absägen des Laufes kurz vor dem Vorderschaft in eine weit streuende »Donnerbüchse« zum Schutz für Wachpersonal, Kneipenwirte und Sheriffs zu verwandeln.

Smith & Wesson Polizeiflinten oben mit normalem Flintenvisier und fünfschüssigem Magazin, unten mit Gewehrvisierung, verstellbar, und verlängertem 8-Schuß Magazin.

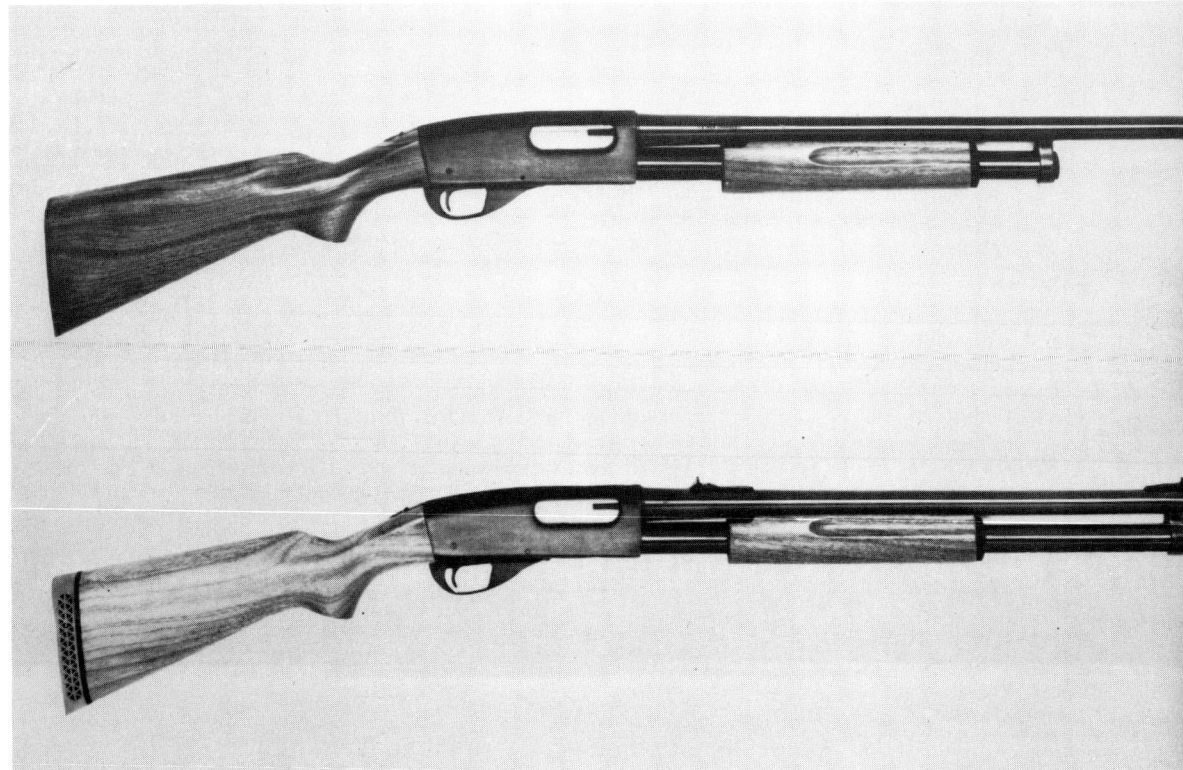

Heute gibt es eine Reihe von Modellen, die speziell für den Polizeidienst oder für die Selbstverteidigung hergestellt werden. Fast ausschließlich im Kaliber 1270 (18 mm Laufdurchmesser, 70 mm Hülsenlänge) hergestellt, unterscheidet man folgende Gruppen:
a) Repetier-Polizeiflinten (riot-gun), pump-action oder Vorderschaftsrepetierer mit einem verlängerten Röhrenmagazin zur Aufnahme von 5–8 Patronen und ausgerüstet mit Flinten- oder Gewehrvisierung, haben eine Lauflänge zwischen 45–50 cm und einen normalen Gewehrschaft. Wegen der relativen Unhandlichkeit innerhalb von Fahrzeugen oder beim verdeckten Tragen unter der Kleidung brachten einige Firmen Metall-Klappschäfte heraus, wodurch dieses Problem gelöst werden sollte. Die Repetierflinten zeichnen sich durch absolute Zuverlässigkeit (keine Abhängigkeit von der Munition oder dem Gasdruck, da manuell betätigt) und unkomplizierten Mechanismus aus. Daher wurden sie neben der Faustfeuerwaffe zu der am weitesten verbreiteten und benutzten Polizeiwaffe in den USA. Sie gehören zur Standardausrüstung der Nationalgarde und verschiedener Armee-Einheiten zur Aufruhrkontrolle (riot-control).

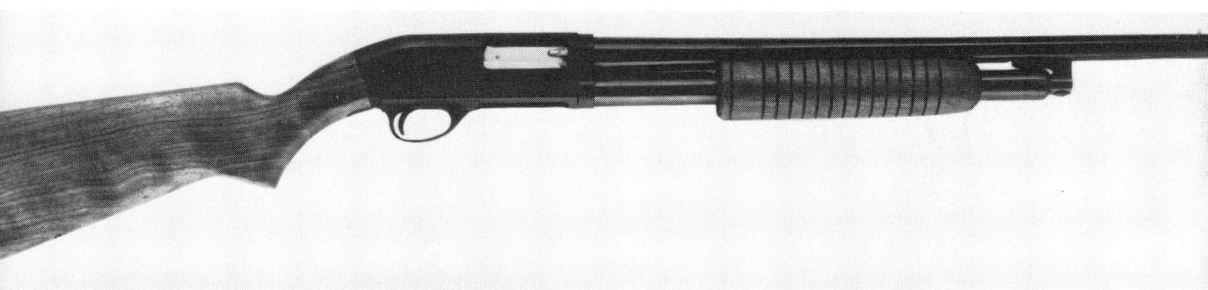

High Standard Repetierflinten, 5- und 8-Schuß Versionen.

b) Automatische Flinten. Diese zumeist aus Jagdwaffen abgeänderten Gewehre sind seltener anzutreffen. Sie erfreuen sich aber gewisser Beliebtheit als Nahkampfwaffe in Vietnam, wo sie vereinzelt als persönliche Bewaffnung illegal auftraten. Ihr Nachteil liegt, wie bei allen Waffen, in der Funktionsabhängigkeit von der Munition. In diesen Bereich gehört jedoch ein bahnbrechendes Modell, das leicht zur idealen Polizeiwaffe werden kann: Die von der amerikanischen Firma High-Standard hergestellte 10 B ist das Äquivalent zur Maschinenpistole auf dem Gebiet der Schrotwaffen. Halbautomatisch, fünfschüssig, kann sie dank ihres Pistolengriffes und durch die ungewöhnliche Form mit einer Hand angeschlagen und geschossen werden und bietet daher den enormen Vorteil, daß die zweite Hand für alle möglichen Tätigkeiten, wie das Öffnen von Türen, Absuchen von Verdächtigen etc. frei bleibt. Die Schaftkappe ist drehbar und wird beim Hüftschuß in der Armbeuge gelagert. Durch die auf Gasdruck basierende Waffenfunktion wird der bei Schrotwaffen empfindlich starke Rückstoß um mehr als ein Drittel reduziert. Eine Stablampe kann seitlich der Visierlinie angebracht werden. Das ungewöhnliche Aussehen hat eine geradezu einschüchternde psychologische Wirkung. Die Nachteile liegen in dem relativ hohen Gewicht der Waffe: Fast 4 kg, das sich aber positiv auf die Kompensierung des Rückstoßes und die Feuerkon-

Hig Standard 10 B.

trolle auswirkt. Einer der wesentlichsten Vorteile ist die Länge von nur 69,5 cm, die es erlaubt, die Waffe bei engen Verhältnissen (in Räumen, Fahrzeugen, Menschenmassen ect.) in Anschlag zu bringen, verdeckt unter dem Mantel zu tragen oder beim Fahren griffbereit auf dem Schoß zu halten.

c) Kurzläufige Versionen sind z. B. die Ithaca Auto-Burglar, eine doppelläufige Flinte mit einer Lauflänge von nur 30 cm und einem Pistolengriff. Ihre Nachteile: Geringe Munitionskapazität und schwerer Rückstoß, dessen Kontrolle durch das Fehlen von Kolben oder Klappschaft erschwert wird (Kaliber: 20).

Ferner die sehr gefragten Versionen von P. M. Tabor aus Californien, die mit einem um Lauf und Röhrenmagazin gelegten Vorderschaft und Pistolengriff ausgestattet sind. Dadurch wird ein guter, schneller Hüftanschlag ermöglicht, die einzige Schußposition, für die diese Waffen der direkten Selbstverteidigung gedacht sind. Tabor verwendet handelsübliche Repetier-Schrotflinten für seine auf den zivilen Markt ausgerichteten Parallelmodelle. Bei einer Lauflänge von 45,5 cm ergibt sich eine Gesamtlänge von ca. 70 cm. Diese und ähnliche Waffen sind für den direkten Nahkampf und die Selbstverteidigung geeignet. Aufgrund ihrer Konstruktion ist ein Zielen über Visier nicht möglich. Als Selbstschutz-Waffen für Wohnung, Haus oder Boot sind sie sehr zu empfehlen, für den Polizei- oder Sicherungsdienst dagegen nur relativ ungeeignet.

Schrotflinten sind vielseitig einzusetzen wegen ihrer hohen psychologischen Droh-Wirkung (18-mm-Mündung!) und der großen Auswahl an verwendbarer Munition, die auf jeden Einsatzzweck abstimmbar ist:

a) Flintenlaufgeschosse (slugs). Die Patrone enthält nur ein Geschoß von 18 mm Durchmesser und sehr hohem Gewicht (bis zu 35 g) und ist bis zu einer Entfernung von 50–75 m verhältnismäßig treffgenau. Neuere amerikanische Entwicklungen sollen hier bessere Weiten bis zu 100 m erzielen. Die große Streuung ergibt sich aus der Tatsache, daß der Flintenlauf glatt ist. Er kann daher nicht flugstabilisierend auf das Geschoß wirken. Geschwindigkeit und Aufprall-Energie nehmen mit zunehmender Entfernung stark ab, bei Treffern erfolgt eine fast vollständige Energieabgabe an das Objekt, dadurch ergibt sich innerhalb des bezeichneten Entfernungsbereichs eine enorme Stoppwirkung.

b) Rehposten oder Buckshot. Die Patrone enthält je nach Kaliber der einzelnen Kugeln 9–27 Rundkugeln aus Blei, die auf kurze Entfernung (10–25 m) sehr durchschlagskräftig sind, aber nach 50 m stark in ihrer Leistung abfallen und bei noch größerer Entfernung fast wirkungslos werden. Buckshot gibt bei Treffern auf den Körper eines Menschen seine gesamte Energie ab, wirkt daher äußerst aufhaltewirksam und oft tödlich.

c) Jagdschrot. Auf kürzeste Entfernung abgeschossen, bewirken die vielen Dutzend kleiner Schrotkugeln einer Patrone einen tödlichen Nervenschock, während sie bei 25 m Entfernung und darüber verletzend wirken. Jagdschrot kann als Abschreckungsmittel gegen Terrordemonstrationen eingesetzt werden, indem nur auf die Beine geschossen wird (riot-control) wegen der hohen Schreckwirkung, wobei Verletzungen mit Todesfolge weitgehend ausgeschlossen sind. Schrotgeschosse dieser Art rufen in der Regel nur schmerzhafte Fleischwunden hervor.

Für den Polizeigebrauch wird weiterhin eine Reihe von Spezialpatronen mit Plastik- oder Gummiprojektilen, Farb- oder Tränengasladungen aber auch mit barrikadebrechenden Sprengsätzen hergestellt. Die Vielzahl der Munitionssparten ermöglicht eine differenzierte Bekämpfung von Gesetzesbrechern, die der »Verhältnismäßigkeit der Mittel«, der Relation zwischen Schwere des Verbrechens und Härte der Bekämpfung, am ehesten entspricht. Für den Polizei- und Sicherungseinsatz ist die Schrotflinte die Schußwaffe, die die Kluft zwischen Selbstverteidigung mit der Fausfeuerwaffe (und oft tödlichem Ausgang) und den begrenzten Mitteln offensiver Verbrechensbekämpfung (Schlagstock, Tränengas ect.) überbrückt und ein weites Feld an Maßnahmen ermöglicht.

DAS MASCHINENGEWEHR – SINNBILD DEUTSCHER POLIZEITRAGÖDIE!

Ich muß zugeben, daß ich während meiner Militärzeit begeisterter MG-Schütze war, denn welche Schußwaffe bietet ein solches Feuervolumen und erfordert soviel Können und Erfahrung?

Zur Unterstützung und Abwehr eines Angriffs, zum Schießen von Deckungsfeuer, als Flugabwehrwaffe usw. ist das MG im militärischen Bereich unentbehrlich. Seine Plazierung und Bedienung entscheidet oft über Erfolg oder Mißerfolg eines Angriffs.

Yom Kippur Krieg, Oktober 73 Golan-Höhen.
Ein MG gibt den vorrückenden Einheiten Feuerunterstützung.

Das Browning Automatic Rifle Version D, wie es in Belgien für das .30-06 und andere Kaliber hergestellt wurde. Hier die Version im Kaliber 7.62 Nato mit veränderbarer Kadenz von 350 sch/m, Gewicht: 10,6 kg; Länge: 114 cm; 20-Schuß Magazine Einzel- und Dauerfeuer.

Im Bereich der Infanterie-Maschinenwaffen unterscheidet man zwischen »magazinladenden« und »gurtladenden« Waffen, wobei die letzteren den Vorrang in der Bewaffnung des Zuges und der Kompanie haben, während die ersteren leichteren MGs zur direkten Unterstützung der Gruppe dienen.

Meistens handelt es sich bei den modernen leichten MG-Modellen dieser Art um Sturmgewehr-Versionen mit schwererem Lauf und Zweibein.

Hohe Schußfolge und lange Feuerstöße zeichnen das MG aus, dessen Funktion sich aus der jeweiligen Gefechtslage ergibt. Es kann von einem Zweibein oder von einem Stativ, von Fahrzeughalterungen oder auch aus der Hüfte beim Angriff geschossen werden: Seine Aufgabe

Zwei LMG Versionen des FN-FAL neben einer Nebelwand.
Gewicht: 5,85 kg; Länge: 112 cm; Kadenz: 600 sch/m. Magazin: 20 Patronen. Einzel- und Dauerfeuer.

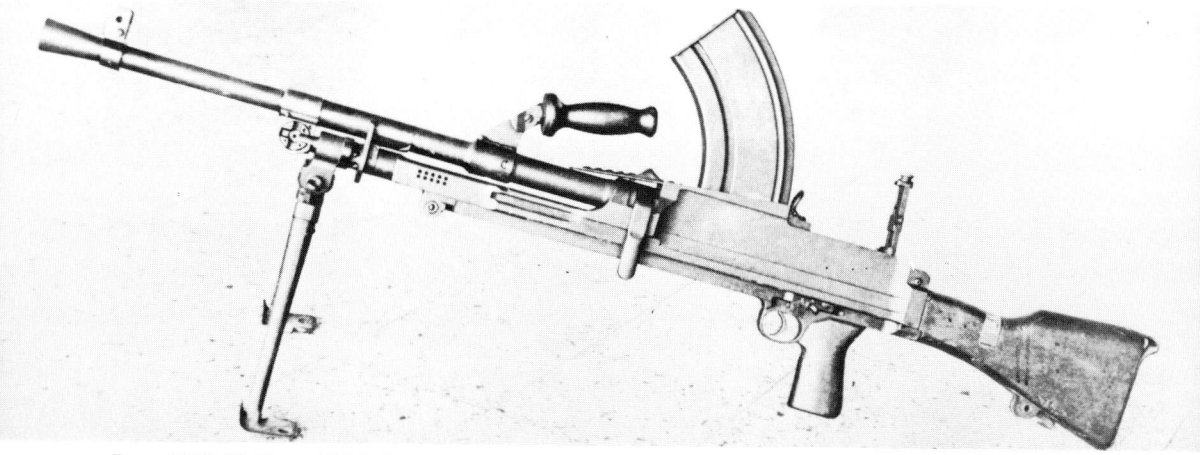

Brno-LMG Kaliber .303 brit.
Das aus dem tschechoslowakischen Brno entwickelte Maschinengewehr war während des II. Weltkrieges und Jahrzehnte danach das Rückgrat der britischen Infanteriekompanie bis zur Einführung des MAG.
Gewicht: 10,15 kg; Länge: 115 cm; Kadenz: 500 sch/m; Magazin: 30 Patronen. Einzel- und Dauerfeuer.

MG 42 Kaliber 7,92 mm (Gurt).
Die Waffe ist in ihrer modifizierten Version bei Polizei und Bundeswehr eingeführt, nachdem sie sich im II. Weltkrieg hervorragend bewiesen hat. Eine der wenigen rückstoßladenden Waffen.

ist es, zu streuen und durch die Abgabe einer großen Menge von Projektilen den Feind in Deckung zu zwingen oder ihn zu vernichten. Jedoch konnte mir bisher niemand erklären, warum Polizeischüler an dieser Waffe ausgebildet werden. So bleibt das MG in der Polizei-Kaserne das traurige Kuriosum eines Denkens, das zwar auf der einen Seite möglichst zivile Polizeiuniformen anstrebt, auf der anderen Seite aber die Ausbildungszeit der Gesetzeshüter durch militärisches und paramilitärisches Training vergeudet, obwohl der Kombattantenstatus von Polizisten in einem Krieg recht umstritten und von vielen Staaten nicht anerkannt ist.

FN-MAG 7.62 mm Nato (Gurt).
Gasdrucklader, nur für Dauerfeuer eingerichtet, extrem zuverlässig und zielgenau. Dank der Gasstellschraube ist ein Regulieren der Feuergeschwindigkeit von 600–1000 sch/m möglich. Gewicht: 11,5 kg; Länge: 125 cm.

Das Gesetz und die Combat-Situation

§ 32 StGB
1. Wer eine Tat begeht, die durch Notwehr geboten ist, handelt nicht rechtswidrig.
2. Notwehr ist die Verteidigung, die erforderlich ist, um einen gegenwärtigen rechtswidrigen Angriff von sich oder einem anderen abzuwenden.

§ 33 StGB
   Überschreitet der Täter die Grenzen der Notwehr aus Verwirrung, Furcht oder Schrecken, so wird er nicht bestraft.

§ 227 BGB
1. Eine durch Notwehr gebotene Handlung ist nicht widerrechtlich.
2. Notwehr ist diejenige Verteidigung, welche erforderlich ist, um einen gegenwärtigen, rechtswidrigen Angriff von sich oder einem anderen abzuwenden.

Der Waffengebrauch einer Zivilperson kann nur im Zusammenhang mit der oben angeführten und im BGB und StGB definierten Notwehr, also als Abwehr eines Angriffs stehen. Dabei ist zu berücksichtigen, ob ein Angriff auf Eigentum eine Notwehrsituation heraufbeschwört. Weiterhin gilt die Abwehr eines Angriffes auf dritte Personen oder deren Eigentum als Nothilfe, die der Notwehr gleichgesetzt wird. Die Verteidigung muß allerdings in der Verhältnismäßigkeit der Mittel zu dem begangenen Angriff, bzw. im Polizeibereich zu dem begangenen Gesetzesbruch stehen: Einen Ladendieb erschießt man *nicht* auf der Flucht; ein bewaffneter Mörder muß aber unter allen Umständen an der Flucht und damit an der eventuellen Tatwiederholung gehindert werden. Die juristischen Nuancen der Gesetzesauslegung sind zahllos und von der jeweiligen individuellen Situation abhängig. Die Tat eines trainierten Polizisten, der im Affekt einen Autodieb durch Genickschuß »hinrichtet« (so in Berlin geschehen), muß mit anderen Maßstäben gemessen werden, als die eines Bürgers, der in Überschreitung des Notwehrverhältnisses getötet hat.

Viele der in vermeintlicher Notwehr Getöteten könnten heute noch leben, wenn der Angegriffene nicht aus einer panikartigen Furcht heraus gehandelt hätte. Diese Angst hätte gemildert werden können, wenn die jeweilige Person in ihren Verteidigungsmöglichkeiten (= dem Schußwaffengebrauch) sicherer und geübter gewesen wäre. Wie man eine Notwehrsituation »beherrscht«, die Iniative übernimmt und damit Alternativen gewinnt und ausnutzt, darüber sollen die kommenden Kapitel Auskunft geben.

VORAUSSETZUNG DES SCHUSSWAFFENBESITZES

In den meisten Ländern der Erde ist der Schußwaffenbesitz und das Führen von Feuerwaffen einer strengen Gesetzesregelung unterworfen, die angeblich verhindern soll, daß Verbrechen mit diesen Waffen begangen werden. Oft wird die Gesetzgebung eines Landes Spiegelbild der dort herrschenden sozialen, demokratischen und politischen Verhältnisse. Der Bundesrepublik Deutschland kann man in dieser Hinsicht leider nur ein Armutszeugnis ausstellen: Da werden vom Gesetz (vor dem angeblich alle gleich sein sollen) bestimmte wohlhabende Bevölkerungsgruppen bevorzugt, nämlich jene, die sich eine Jagd, den Erwerb eines Jagdscheins etc., leisten können. Dem unbescholtenen Bürger aber wird das Recht und die Mittel zur Verteidigung seines Lebens und Eigentums abgesprochen. Er wird an die Polizei verwiesen, deren Hilflosigkeit in der Verbrechensverhütung erwiesen ist und die häufig erst dann erscheint, wenn das Unglück bereits geschehen ist. Der illegale Waffenhandel blüht, und oft genug wird der sich selbst bewaffnende Bürger nach Abweisung durch die staatlichen Organe in die Illegalität getrieben.
Waffenbesitzer, -sammler und -»fans« sind von vornherein dubios und gehören einer von Presse, Funk und Fernsehen geächteten Kaste an, wobei die falsche, durch Unkenntnis verursachte Berichterstattung ein Übriges tut.
Es soll hier nicht von den jeweiligen gesetzlichen Voraussetzungen der Länder zum Waffenbesitz die Rede sein – diese sind oft juristisch,

gesellschaftlich und demokratisch anfechtbar – sondern von den Voraussetzungen, die ein Schußwaffenträger mit sich bringen sollte, wenn er diese Verantwortung übernimmt.
Er sollte über Funktion und Wirkungsweise von Waffe und Patrone genaue Kenntnis haben, wissen, wie das Geschoß sich nach Verlassen des Laufes verhält (durch welches Material es aufgehalten, welches es durchschlagen kann), so daß er sich später nicht herausreden kann, er habe nicht gewußt, daß er durch die Schußabgabe die Menschen in der anderen Wohnung, hinter der Wand, hinter dem Angreifer etc. gefährdet. Ähnliches gilt auch für die Funktion und Benutzung der Waffe: Das Märchen von der Pistole, »die plötzlich losging«, ist nicht haltbar. Der Träger ist für die Funktionssicherheit voll verantwortlich. Jede ungewollte Schußabgabe (AD), die nicht auf einem Materialfehler beruht, ergibt sich aus der Unkenntnis oder Unvorsichtigkeit des Trägers. Eine Schußwaffe ist eine tödliche Angelegenheit, und sie sollte immer als eine solche behandelt werden. Es gilt der Grundsatz, daß keine Sicherheitsmaßnahme wie Kontrollieren, Entladen oder Sichern überflüssig oder gar lächerlich ist. Diese Verhaltensweisen sollten dem Träger in Fleisch und Blut übergegangen sein, bevor er die Waffe zum ersten Male lädt. Automatische Waffen mit ihrer hohen Schußfolge und der damit verbundenen starken Erwärmung neigen unter Umständen dazu, die in der Kammer befindlichen Patronen bis zur Explosion zu erhitzen, ein im englischen Sprachgebrauch als »cook-off« bezeichneter Vorgang. Dies geschieht recht häufig und erfordert nach vollendeter Schußabgabe ein Entleeren der Kammer; sichern der Waffe allein genügt nicht! Der Träger muß auf solche Möglichkeiten eingestellt sein. Er hat die Waffe auch vor unberechtigtem Zugriff und fremder Benutzung zu sichern. Neben einer eingehenden Kenntnis der betreffenden Gesetze über Notwehr, Nothilfe und Angriff muß er auch über die notwendige Kaltblütigkeit und Intelligenz verfügen, eine sich entwickelnde Situation richtig einzuschätzen, die Eskalation abzusehen und sich für die richtigen Schritte zu entscheiden. Diese Kaltblütigkeit ergibt sich aus dem Gefühl der Überlegenheit infolge einer perfekten Ausbildung, die ihm die Sicherheit gibt, jeder Situation gewachsen zu sein – wie z. B. ein solches Selbstbewußtsein bei Angehörigen von Elite-Einheiten besteht. Auf einem anderen Sektor des täglichen Lebens, dem Führerschein-Erwerb, besteht eine zweckgerichtete Ausbildung und Prüfung, die eine Vergabe von Kfz-Fahrerlaubnissen nach objektiven Gesichtspunkten wie Wissen, Fahrtüchtigkeit etc. gewährleistet.

Dieses Schema der Ausbildung und Überprüfung würde eine gerechtere Verteilung von Lizenzen ergeben, als die bestehende diskriminierende Ordnung, die dem jeweiligen persönlichen Ermessen des zuständigen Beamten zuviel Spielraum läßt und immer wieder zu Ungerechtigkeiten, Fehlleistungen und Bevorzugungen führt.

Safety first!

Eine unumgängliche Voraussetzung für den Umgang und das Training mit Feuerwaffen ist die strikte Einhaltung der Sicherheitsregeln und -maßnahmen.
Diese Grundlagen müssen für den Schützen zu einer Selbstverständlichkeit werden; Waffenkontrolle und vorsichtige Handhabung eine fast unbewußte Instinkthandlung.
Die meisten Unfälle mit Waffen geschehen wegen irgendeiner Nachlässigkeit oder aufgrund falsch aufgefaßter »Fachkenntnis«: Ein großer Prozentsatz von AD's erfolgt bei Schützen mit langjähriger Praxis, wenn die Einstellung aufkommt, »man hätte so etwas nicht mehr nötig, man wisse schließlich, was man täte . . .«
Die wichtigste Regel ist, jede Waffe mit dem ihr gebührenden Respekt zu behandeln. Sie ist so lange als geladen zu betrachten, bis man sich persönlich durch Kontrolle vom Gegenteil überzeugt hat. Sie ist auch nie – ob geladen oder nicht – auf einen Menschen oder Gegenstand zu richten, auf den man nicht schießen will. Es darf auch nicht auf bloßen Verdacht hin geschossen werden. Wenn man nicht überzeugt ist, daß man einen Angreifer im Visier hat, sollte man nicht abdrücken. Man schießt nicht auf Schatten oder Geräusche hinter der Tür, es könnte die Tochter sein, die den Wohnungsschlüssel vergessen hat – so geschehen in einem New Yorker Haushalt.
Will man nicht schießen, wie z. B. beim Durchsuchen eines Hauses, so ist die geladene Waffe immer gegen den Boden oder in die Luft, nach oben, zu richten. Zu oft ist es schon passiert, daß das plötzliche Auftauchen einer unbeteiligten Person eine jener schreckhaften Reflexe der Hand verursachte, die den Schuß auslöste. Will man nicht schießen, so hat der Zeigefinger auch nichts am Abzug zu suchen.
Eine Waffe in geladenem Zustand herumliegen zu lassen, zeugt von

 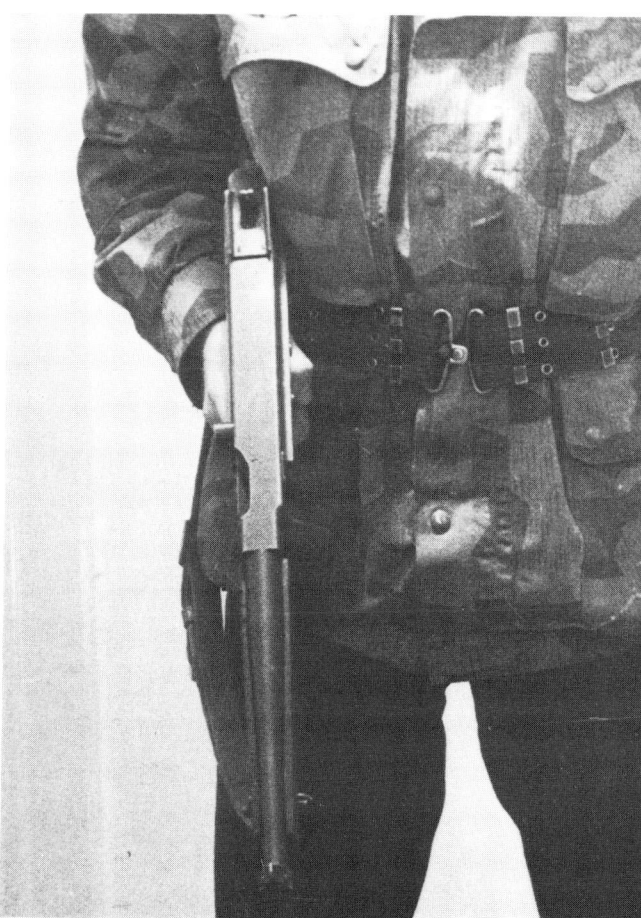

Bereitschaftshaltung mit auf der Hüfte aufgestützter Waffe, wie sie z. B. in der britischen Armee praktiziert wird.

Sicherungshaltung, Mündung gegen die Erde gerichtet.

einem unverzeihlichen Leichtsinn. Jede weggelegte Waffe ist dem eventuellen Zugriff durch Unbefugte ausgesetzt. Aus diesem Grunde sollten Waffen und Munition auch immer getrennt aufbewahrt werden.

Laden, entladen, sichern und das Beheben von Hemmungen hat mit nach oben oder unten gerichteter Mündung zu erfolgen. Auf dem Schießstand ist die Waffe nur in Schußrichtung, in Richtung Scheibe, Schutzwall etc. zu handhaben. Jegliches Hantieren hinter dem Rücken anderer gefährdet diese und macht sie nervös. Auf dem Schieß-

Richtiges Durchladen (hier Galil): Mündung gegen den Kugelfang gerichtet, Zeigefinger unter dem Abzugsbügel, Daumen und Zeigefinger der linken Hand greifen den Kammerstengel.

stand abgelegte Waffen sollten geöffnet sein: Trommel ausgeschwenkt, Verschluß mit dem Verschlußfang in hinterster Position arretiert, so daß sich jeder von der Ungefährlichkeit der Waffe überzeugen kann. Jedem Zerlegen oder anderem Hantieren mit der Waffe hat die Kontrolle vorauszugehen.

Es gilt beim Umgang mit Maschinenpistolen besondere Vorsicht zu üben: Die Tendenz zu AD's beruht auf dem Massenträgheitsverschluß, der schon durch Fallenlassen der Waffe in Bewegung gesetzt werden kann. Zur Zeit, als dieses Buch geschrieben wurde (August 75), ereignete sich ein weiterer tödlicher Zwischenfall mit dieser Waffenart. Ein Bundesgrenzschutzbeamter hatte die geladene Waffe im ungespannten Zustand zwischen seine Knie gestellt, als er sich ins Fahrzeug setzte. Während der Fahrt entlud sich ein Schuß, der ihm

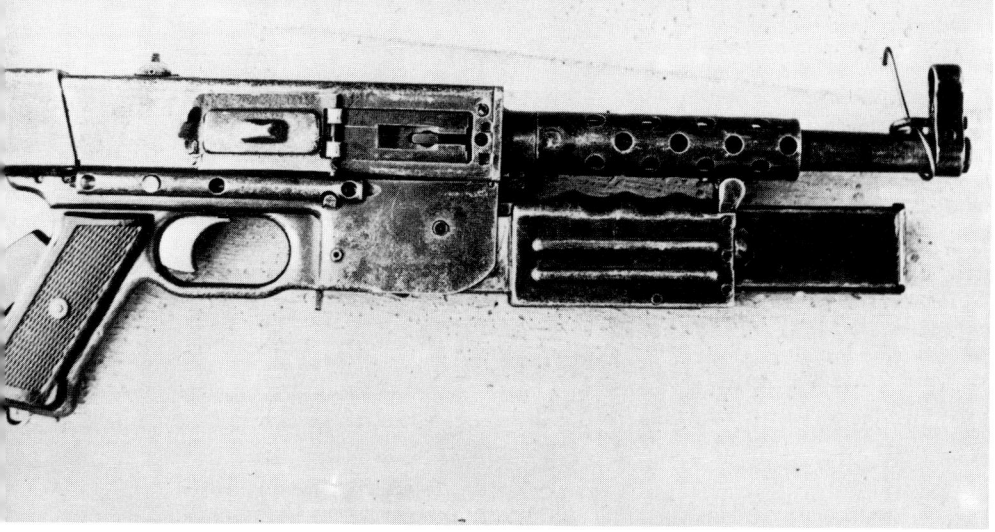

MAT 49, hier mit umgelegtem Magazingehäuse, erlaubt ein gefahrloses Transportieren mit Magazin in der Waffe.

eine tödliche Kopfwunde zufügte. Der Masseverschluß war wahrscheinlich durch die Fahrerschütterung nach unten gestoßen worden. Maschinenpistolen sollten daher immer im ungeladenen Zustand transportiert werden (oder besser noch, wenn möglich, mit weggeklapptem Magazin wie bei der frz. MAT 49). Beim Laden und Entladen ist größte Vorsicht angebracht. In einem Fahrzeug hat eine geladene MPi nichts zu suchen!

Ein anderer Aspekt der Sicherheit auf dem Schießstand: Gehörschutz!

Combattraining, Combatschießen und Combatpraxis

Als sich die Kenntnis vom verteidigungsmäßigen Schießen verbreitete, schossen überall sogenannte Combatclubs aus dem Boden. Lehrgänge und Combatwettkämpfe wurden veranstaltet und alle möglichen Theoretiker begannen, Gereimtes und Ungereimtes über diese Schießart von sich zu geben. Denkmalen ähnlich wurden gewisse Schießhaltungen mit den Namen dieser »Fachleute« versehen (meistens von ihnen selber), obwohl schon seit Jahrzehnten, oft Jahrhunderten, diese Positionen und Haltungen bekannt waren. Es entstand geradezu ein Wettstreit, und jeder wollte sich irgendwie dergestalt in die Annalen der »Combat-Geschichte« einschreiben.
Manche skurrile, im Ernstfall tödliche Verhaltensweise wurde dadurch propagiert, unterstützt durch die »Schießstand-Atmosphäre«, die der Combatwirklichkeit häufig konträr gegenübersteht. Der Sinn von Combat-Wettkämpfen, -Weltmeisterschaften und ähnlichem ist recht fraglich, wenn nicht sogar auf traurige Art lächerlich. Nichts gegen ein Treffen von Praktizierenden dieser Schießart zum gegenseitigen Erfahrungsaustausch. Aber ein Wettstreiten um den Weltbesten, oft mit Spezialholstern und allem möglichen Waffenzubehör, stellt Sportgeist und Combattraining ad absurdum. Hier geht es leider oft nur um die Befriedigung von Eitelkeit und um das Bedürfnis nach Selbstbestätigung, zwar menschlich verzeihliche Schwächen, doch sollte man sich ernstlich um ihren Abbau, gerade auf diesem Sektor, bemühen. Gleiches gilt auch für die oben angeführten Dogmatiker des Combatschießens, die oft nur ihre eigene Meinung und »Lehrrichtung« als gültig und hundertprozentig zuverlässig gelten lassen. Im folgenden werde ich noch mehrmals auf spezifische Beispiele zurückkommen müssen.
Das Training des Combatschießens ist genau wie die jeweiligen Ambitionen hinsichtlich der Waffe von Person zu Person verschieden. Es richtet sich nach dem individuellen Tätigkeitsbereich, der eine spezielle Situation der Selbstverteidigung heraufbeschwört und be-

stimmt. Jedoch lassen sich hierfür keine Voraussagen machen und keine Handlungsschemata festlegen, da nie eine Situation der anderen gleichen wird und vorhersehbar ist. Selbst Statistiken, etwa aus Polizeiberichten, können nur Anhaltspunkte geben. So finden die meisten Feuergefechte in der Stadt auf relativ kurze Entfernung statt (0–3 m). Es wäre aber falsch, alle Polizeibeamte nur auf diese Entfernung zu drillen, denn es kommen durchaus auch andere Kampfentfernungen vor. Das oberste Gebot des Combatschießens ist daher Flexibilität und Improvisationsgabe, die Fähigkeit, sich den blitzschnell wechselnden Verhältnissen anzupassen und sie zum eigenen Vorteil auszunutzen. Schießstellungen und Bewegungsabläufe, wie sie beim Training in den Durchgängen gelehrt werden, sind daher nur unterschiedliche Mittel und Werkzeuge, die in den einzelnen Situationen richtig angewandt werden müssen.

Zwei Hauptfaktoren sind dabei immer zu beachten, und zwar in dieser Reihenfolge: erstens, die Rettung des eigenen Lebens bzw. des Lebens anderer und zweitens die Ausschaltung des Angreifers.

Zu der wichtigsten Vorbereitung auf den eventuellen Ernstfall gehört das Bewußtsein, daß ein Angriff immer und überall erfolgen kann. – Dies gilt insbesondere für politisch oder finanziell Exponierte. Aus dieser moralischen Bereitschaft zur Verteidigung entsteht eine Reihe von Verhaltensnormen, die man als Vorsicht bezeichnen könnte, und die gewährleistet, daß ein Angriff nie überraschend und unvorbereitet erfolgt.

Die Schrecksekunde eines Angriffs wird dann schneller zu überwinden sein, wenn man ihn erwartet hatte und eine derartige Situation schon einmal bedacht hat und sich so im Gehirn eine »Kammer« re-

Schnelligkeit ist Trumpf! Hier wird ein Grabenhindernis während eines Combat-Durchganges im Sprung genommen.

serviert hatte, in der die möglichen Reaktionen gespeichert waren, ähnlich wie ein Schachspieler, der Hunderte von Zügen im Gedächtnis aufbewahrt.
Zu den Vorsichtsmaßnahmen gehören das Aufschließen und Herausholen des Schlüsselbundes mit der linken Hand ebenso wie der kurze Blick in den Rückspiegel vor dem Aussteigen aus einem Fahrzeug. Genauso, wie man nicht unachtsam eine Fahrbahn überquert, achtet man beim Gehen im Gelände, auf der Straße oder in einer Garage im Unterbewußtsein stets auf seine Umgegend, registriert entgegenkommende Personen, Fahrzeuge, sich öffnende Türen oder vorhandene Deckungen.
Dieses »Umweltbewußtsein« gehört zur Basis eines jeden Sicherheitsbeamten, wenn er erfolgreich sein will. Nach kurzer Zeit entwikkelt sich ein bisher verkümmerter Instinkt, der uns Beobachtungen wahrnehmen läßt, die wir früher übersehen hätten.
Gute Streifenpolizisten oder Patrouillenführer erkennt man an ihrem »dezenten Rundumblick«, mit dem sie selbst im Gespräch oder beim Lesen ihre Umgebung im Auge behalten. Spricht man sie darauf an, bemerkt man, daß sie völlig unbewußt gehandelt haben, also instinktmäßig. Ohne die Aneignung dieses Instinktes bleibt der Combatschütze ein blindes und taubes Wesen, gefährdet und unvorbereitet all dem gegenüber, das ihm plötzlich widerfahren kann.
Genauso wichtig und lebenserhaltend ist die Fähigkeit, sich schnell und geschickt zu bewegen, Hindernisse im Sprung zu nehmen, sich niederzuwerfen und aufzuspringen und kurze Strecken im Sprint zurückzulegen, ohne daß sofort Atemlosigkeit, Schweißausbrüche und Herzjagen einsetzt, kurzum, körperliche Fitness und Sportlichkeit. Zum Combattraining gehört also auch ein allgemeines Körpertraining, das hemmende Fettpölsterchen beseitigt, die keine Kugel aufhalten können, dafür aber die Beweglichkeit erschweren. Ein Combatschütze, der sich nicht blitzschnell bewegen kann, gleicht einer sitzenden Ente, die auf ihren Jäger wartet.

DIE ANSCHLAGSARTEN UND SCHUSSPOSITIONEN

DER GEZIELTE SCHUSS

Grundlage des Schießens, auch des instinktbetonten Combatschießens, ist der gezielte Schuß unter Benutzung der an der Waffe vor-

Gezielter Feuerstoß mit der FN/FAL LMG-Version: Zwei Hülsen hängen in der Luft, die Staubwolke hinter der Scheibe zeigt den Treffer an.

handenen Zielvorrichtungen, der offenen (Kimme-Korn) Visierung oder der optischen Hilfsmittel wie Zielfernrohr, Nachtsichtgerät oder ähnlichem. Der gezielte Schuß ist abhängig von Faktoren wie Körperposition, Waffenauflage (Handhaltung), Atmung, Abzugsbewegung und Visieren, die alle vom Schützen beeinflußbar sind. Jeder dieser Faktoren kann die Trefferlage verändern. Daneben existieren die mit zunehmender Schußentfernung wichtiger werdenden ballistischen und klimatischen Faktoren, die der Schütze zwar nicht beeinflussen, aber deren Einwirkung auf die Geschoßflugbahn er vorausberechnen und einkalkulieren kann: ballistische Kurve, Geschoßgeschwindigkeit und Luftwiderstand, Wind, Luftfeuchtigkeit, Temperatur und Erdanziehungskraft. Die Errechnung dieser Faktoren sind besonders für den Präzisionsschützen, den Jäger und Sportschützen wichtig; der Combatschütze wird nur indirekt davon berührt. Jedoch muß er sich mit der abfallenden Flugbahn bei zunehmender Entfernung vertraut machen; zur Errechnung von Seitenwindwerten wird er in den meisten Fällen kaum die genügende Zeit haben. Für den Präzisionsschützen, dem »Sniper«, gehören diese Kenntnisse zur Voraussetzung für die von ihm geforderte Leistung, mit einem Schuß einen Treffer zu erzielen, der den Gegner ausschaltet. Zur Ermittlung der Einflüsse von außen- oder innenballistischen Faktoren oder subjektiven Fehlern ist es ratsam, sich eine Tabelle anzulegen, in der Treffer, Tagesbedingungen, Munitionsart, Laborierung u. a. vermerkt sind.

Eine eingehende Erläuterung der Ballistik an dieser Stelle zu bringen, würde den Rahmen dieses auf die Praxis ausgerichteten Buches sprengen. Doch kann auf eine kurze Zusammenfassung von äußeren Einflüssen nicht verzichtet werden, da sie mit zunehmender Schußentfernung an Bedeutung gewinnen.

a) *Wind.* Je nach Windstärke und Windrichtung kann die Trefferlage seitlich vom Zielpunkt liegen. Windrichtung und Windstärke kann man anhand der Bewegung von Bäumen, Rauch, Sträuchern, Fahnen usw. ersehen; je stärker der Wind, desto größer der Einfluß auf den Schützen oder den Geschoßflug. Als Faustregel gilt: Windgeschwindigkeit von 4–8 km/h kann gerade noch im Gesicht gefühlt werden, Luftbewegung unter 4 km/h ist nur an Rauchfahnen erkennbar, 8–12 km/h ergibt eine konstante Blätterbewegung (Säuseln). Kleine Bäume bewegen sich bei einer Geschwindigkeit von 18–25 km/h. Eine andere einfache Methode zur Bestimmung der Windgeschwindigkeit besteht im ungefähren Abschätzen der Gradzahl der Windfahne oder eines leichten Gegenstandes (Stoff, Papier, etc.), den man

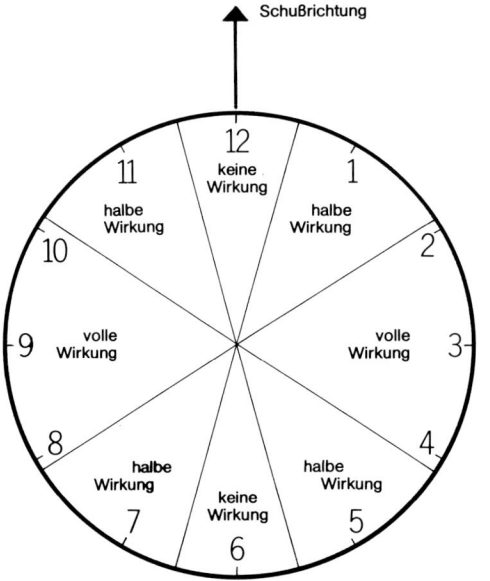

Wind-Einwirkungsdiagramm (Uhr-Schema).

Beispiel:
Bläst der Wind also von sieben nach 1 Uhr, so wirkt er sich gemäß seiner halben Stärke auf ein Projektil aus.

fallenläßt und auf dessen Berührungspunkt am Boden gedeutet wird. Der Winkel zwischen Körper und Arm ergibt dann die benötigte Gradzahl, die in die Rechnung: Gradzahl geteilt durch vier gleich Windgeschwindigkeit in Meilen eingesetzt wird.

Abhängig von der Windrichtung wirkt die Stärke der Luftbewegung auf das Geschoß, dabei hat Wind aus 3 nach 9 Uhr blasend (siehe Skizze) einen Vollwert, von 5 nach 11 aber nur Halbwert, bei Rückenwind (6 nach 12) ist die Bestimmung aufgrund des rückwärtigen Druckes auf die Kugel am schwersten.

Je nach ballistischer Eigenschaft der verwendeten Munitionssorte ist nun anhand der Schußentfernung und Windgeschwindigkeit der Vorhalt nach rechts oder links (gegen den Wind) zu errechnen, um den Seitendruck auszugleichen.

b) *»Mirage« oder Luftflimmern*. Diese in heißen, feuchten Gegenden zu beobachtende Erscheinung kann zu Fehlschüssen führen, da sie das Zielobjekt optisch verzerrt (Zielfernrohre verstärken diesen Effekt noch). Nur durch Erfahrung kann der Schütze diese Beeinträchtigung ausgleichen.

c) *Temperatur*. Die Außentemperatur hat eine spürbare Einwirkung auf die Geschoßgeschwindigkeit und damit auf die Höhen- oder Tiefenlage von Treffern. 10° Celsius über der Normaltemperatur verstärkt die Fluggeschwindigkeit (V_0) um ca. 12 Meter pro Sekunde. Auch hier sind die Werte von der jeweiligen Munitionssorte abhängig. Für ein außergewöhnliches Ansteigen der Temperatur muß das Visier herunter-, für ein Abfallen heraufgestellt werden.

d) *Licht*. Jeder Schütze reagiert unterschiedlich auf Lichtverhältnisse, daher ist es für den Präzisionsschützen wichtig, die Lichtverhältnisse in Bezug auf seine Trefferlage aufzuzeichnen und zu studieren. Starkes Licht von der Seite kann Einfluß auf die horizontale Trefferlage haben, bei einem bewölkten, grauen Tag ist die Tendenz hoch zu schießen und bei einem klaren, sonnigen Tag niedrig zu schießen vorhanden.

e) *Luftfeuchtigkeit*. Je feuchter (oder »dicker«) die Luft ist, um so mehr bietet sie dem Geschoß Widerstand. Eine 30%ige Veränderung der Feuchtigkeit kann zu einer spürbaren Veränderung der Trefferlage führen. Bei einer hohen Luftfeuchtigkeit wird also die Trefferlage tiefer liegen als bei trockenem Wetter. Der Schütze muß diesen Faktor in Betracht ziehen. Wieder kann hier die Aufzeichnung von früheren Schußergebnissen von Vorteil sein, um die jeweilig notwendige Erhöhung festzustellen.

f) *Erdanziehungskraft.* Diese kommt bei Schüssen im Gebirge oder aus dem Helikopter in Betracht. Bei Schüssen von einer erhöhten Position auf ein tieferliegendes Ziel oder umgekehrt wird die Trefferlage immer oberhalb des Zielpunktes liegen, weil die Anziehungskraft nicht direkt auf das Geschoß wirkt (wie beim horizontalen Flug). Der Merkspruch aus der klassischen Schießausbildung: »Rauf halt' drauf, runter halt' drunter!«, der für weitere Distanzen gilt, ist allerdings im Combatschießen — vornehmlich auf kürzere Entfernungen — der Erfahrung gewichen: »Ob rauf oder runter, halt' immer drunter!« Zu diesen äußeren Faktoren kommt nun noch die Verhaltensweise des Schützen, die die Trefferlage beeinflussen kann. Während die äußeren Faktoren nur eine bedingte Wichtigkeit für den Combatschuß, also den Schuß auf Entfernungen bis 300 Meter haben, sind die nun folgenden Punkte sowohl für den Langwaffenschützen, als auch für den Benutzer von Faustfeuerwaffen wichtig. Der Schütze beeinflußt die Trefferlage seiner Waffe durch folgendes:

a) *Körperposition,* auch Anschlag genannt — Die Haltung des Körpers zur Waffe ist der wohl wichtigste Faktor, sie dient dem ruhigen Zielen, der ruhigen Schußabgabe. Die verschiedenen Positionen (liegend, sitzend, kniend etc.), die an anderer Stelle noch erwähnt werden, sind je nach Eigenart des Schützen mehr oder weniger geeignet, die Waffe beim Schuß zielsicher abzustützen. Eine kleine Veränderung der Körperhaltung von Schuß zu Schuß hat oft eine veränderte Trefferlage zur Folge, deshalb bemühen sich Sportschützen, während eines gesamten Durchganges die gleiche Position, den gleichen Anschlag, beizubehalten.

Neben der Lagerung der Waffe kommt dem Anschlag im Combatschießen noch eine weitere Bedeutung zu, die im Präzisionsschießen oft nur zweitrangig ist: die Kompensation des Rückstoßes. Der Combatschütze wird immer bemüht sein, dem ersten Schuß einen zweiten so schnell wie möglich folgen zu lassen, um die Treffer- und Aufhaltewahrscheinlichkeit zu erhöhen. Bei automatischen Waffen wird zu diesem Zweck oft ein Feuerstoß (d. i. die automatische Abgabe zweier oder mehrerer Schüsse) gegeben. Eine rückstoßstarke Waffe hat nun die Eigenschaft, sich nach der Schußabgabe aufwärts und/oder seitlich aus der Ziellinie wegzudrücken. Diesem Bewegungsvorgang muß mit Muskelkraft und Körpergewicht entgegengewirkt werden, um die Waffe beim zweiten Schuß wieder auf der Ziellinie zu haben.

Die Körperposition sollte also derartig sein, daß der Rückstoß sie nicht verlagern bzw. den Schützen selbst nicht aus dem Gleichgewicht

Diese Dame scheint das Kapitel über Körperposition mißverstanden zu haben, oder sollte sie nur den Rückstoß ihres .22 l.r. Revolvers etwas überschätzen.

bringen kann. Einem Schützen mit schlechter Haltung kann es passieren, daß er beim Dauerfeuer mit einem Sturmgewehr rückwärts läuft; die Geschosse streuen dabei unkontrolliert in die »Botanik«. Bei richtiger Schußposition des Körpers wird die Waffe nach Abfangen des Rückstoßes sofort wieder zurück in die Ziel- und Schußlage gebracht. Ob eine Körperhaltung richtig ist, erkennt man durch ein sehr einfaches Verfahren vor dem Schuß. Man schlägt die Waffe an, zielt und läßt sie dann herabsinken, ohne dabei Körperlage, Ellenbogenposition oder Handhaltung zu verändern. Wird die Waffe jetzt mit geschlossenen Augen angeschlagen und deutet genau auf das Ziel, so ist die richtige Stellung, die »Nullposition« erreicht. Zeigt sie aber seitlich oder oberhalb vom Ziel, so muß etwas an der Haltung verändert werden. Mit zunehmender Erfahrung wird der Schütze die für seine Anatomie beste Haltung unbewußt einnehmen.

b) *Atmung.* Da die Atmung wesentliche Körperpartien in Bewegung setzt, wirkt sie sich auch auf die Trefferlage aus. In der Nullposition wird die Ziellinie beim Ein- und Ausatmen vertikal bewegt. Ein falscher Atmungsrhythmus während des Schießens wirkt sich dementsprechend auf die Trefferlage aus.

Der normale entspannte Atmungsrhythmus dauert vier bis sechs Sekunden und kann verlängert oder verkürzt werden. Ein- und Ausatmen nimmt jedoch nur zwei bis drei Sekunden in Anspruch, die restliche Zeit bildet eine Pause entweder zwischen dem Ein- und dem Ausatmen oder zwischen zwei Atmungsphasen. In der Zeit zwischen dem Ausatmen einer Phase und dem Einatmen der nächsten Phase sollte der Schütze schießen. Die Atmungsmuskulatur ist entspannt, der gesamte Körper ruht. Das folgende Diagramm veranschaulicht diesen Rhythmus:

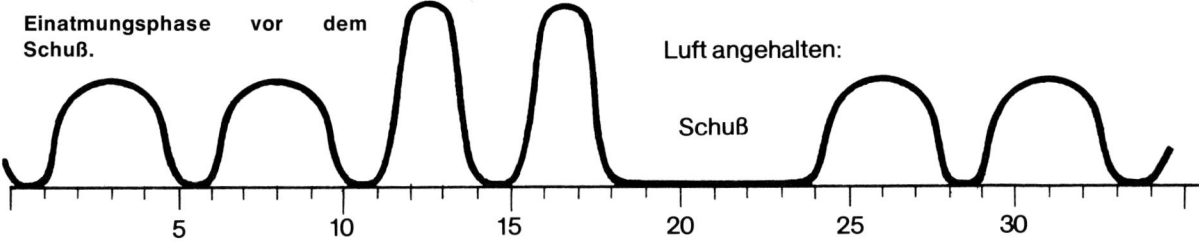

Der Atmungsrhythmus spielt eine große Rolle beim Langwaffenschießen. Faustfeuerwaffen-Schützen werden nur indirekt davon berührt und zwar dann, wenn sie einen gewehrmäßigen Anschlag für den Zielschuß auf größere Entfernung einnehmen.

c) *Zielen.* Im Gegensatz zum instinktiven Schießen nimmt der Schütze für den gezielten Schuß die offene oder optische Visierung an der Waffe in Anspruch. Fehlschüsse bzw. Trefferlagen außerhalb des Zieles können aus einer falschen Benutzung der Zieleinrichtung resultieren. Entweder ist die Waffe verkantet, was eine seitliche Verlagerung der ballistischen Flugbahn des Geschosses von der Ziellinie zur Folge hat oder Kimme und Korn stehen im falschen Verhältnis zueinander, wie das in der Skizze mit den sich daraus ergebenden Trefferablagen erläutert ist. Trockentraining mit Konzentration auf das Zielen kann dem Übenden erhebliche Munitionskosten ersparen.

d) *Abzugskontrolle.* Die Schußabgabe erfolgt durch das Betätigen des Abzugs. Eine falsche Bewegung zu diesem Zeitpunkt kann die

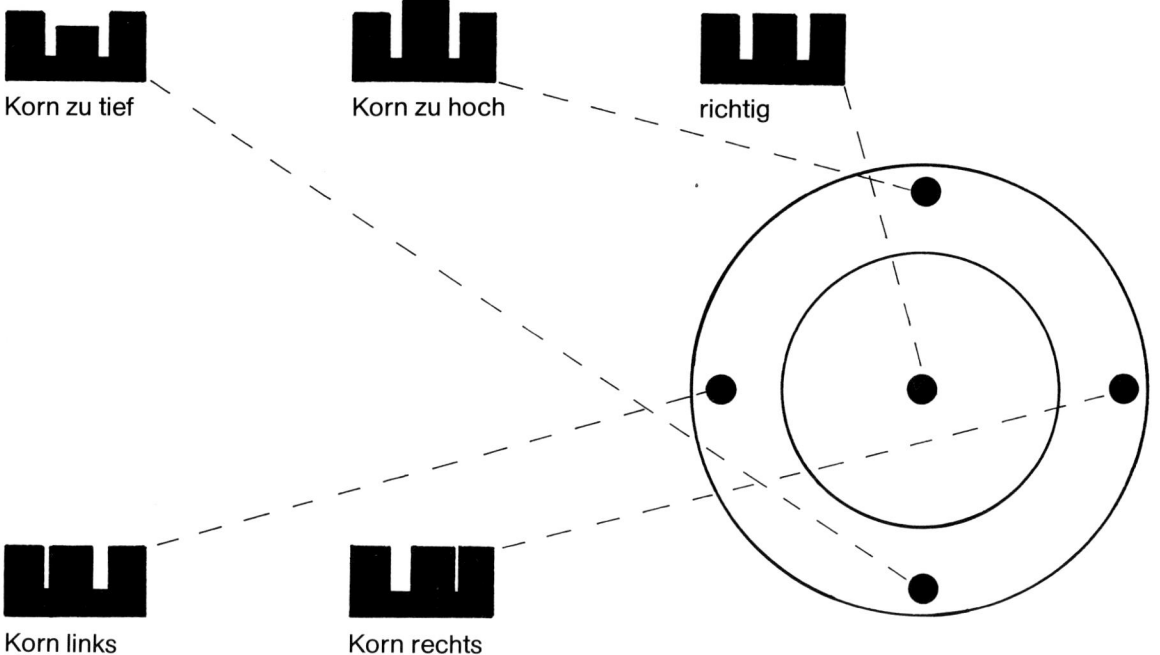

Korn zu tief
Korn zu hoch
richtig
Korn links
Korn rechts

Zielfehler bei offenen Visierungen und die daraus resultierenden Trefferlagen.

Das falsche Zielen mit Zielfernrohren ergibt auf dem Absehen Schatteneffekte. Zeichnung zeigt die damit verbundenen Fehlschüsse.

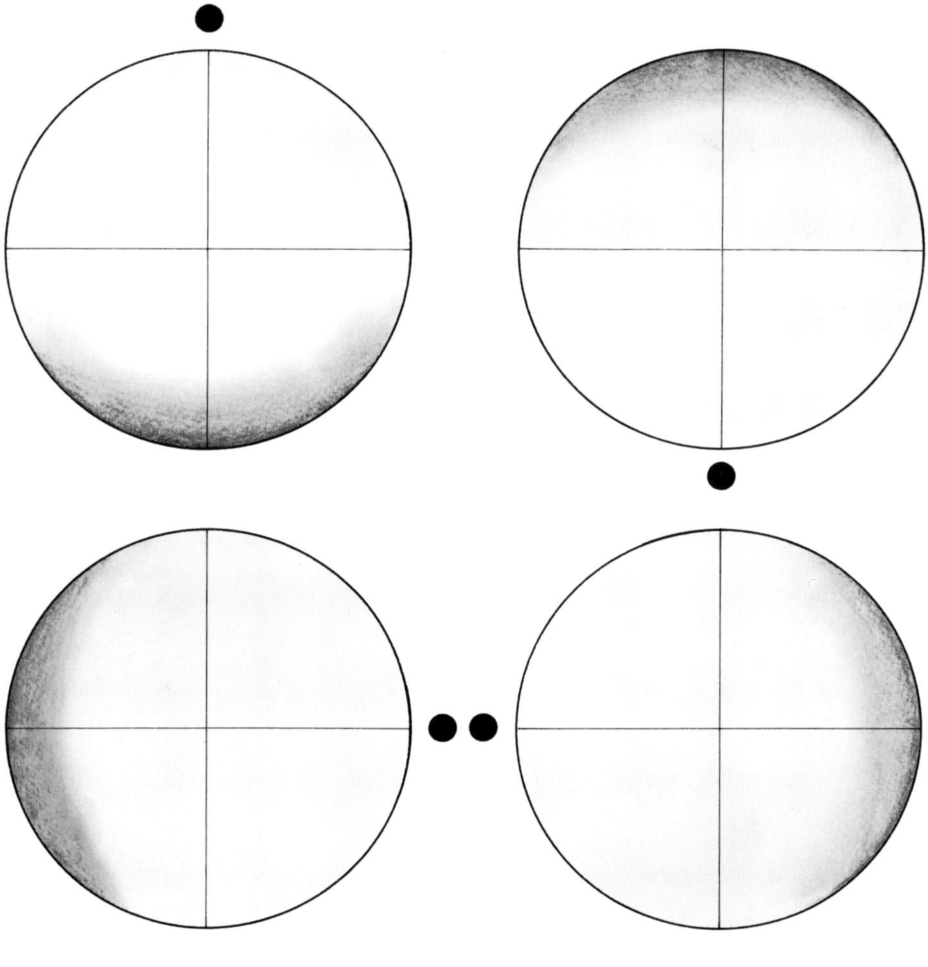

Waffe aus der Ziellinie bringen und zu wesentlichen Fehlschüssen führen. Ein genaues Einstudieren der jeweiligen Abzugsbewegung und des für das Auslösen des Schusses wichtigen Druckes auf den Abzug ist unumgänglich. Mit zunehmender Erfahrung und Praxis kann diese Bewegung eine unterbewußte, instinktive Handlung werden, jedoch sollte das Herangehen an den Druckpunkt, also der kontinuierliche Druck zur Überwindung des Abzugswiderstandes, gründlich eingeübt werden. Eine ruckartige Bewegung, die auch durch einen Schreck ausgelöst werden kann, wird den Erfolg eines geplanten vorbereiteten Schusses zunichte machen. Bei Faustfeuerwaffen ist der Unterschied zwischen DA und SA Abzugsgewicht zu beachten sowie die Lage des ersten Zeigefingergliedes.

Zum praktischen Trockentraining für eine erschütterungsfreie Abzugskontrolle ist folgende Übung äußerst wirksam: Eine Münze wird auf den Lauf plaziert, darf aber durch das Durchziehen des Abzugs nicht herunterfallen.

Allgemein gilt die Regel, daß nur das erste Glied des Zeigefingers und höchstens dessen Beuge den Druck ausüben darf. Dabei sollte jeder Kontakt mit dem Abzugsbügel oder dem Schaft bzw. dem Waffenrahmen vermieden werden. Jede Reibung dieser Art erhöht nur den Druck der nötig ist, um den Schuß auszulösen. Der Druckpunkt einer Combatwaffe sollte nicht zu leicht eingestellt sein.

e) *Handhaltung und Waffenauflage.* Zum Anschlag kann die Waffe nur mit den Händen gehalten oder zusätzlich aufgelegt werden. Letzteres erweist sich beim Deckungsschießen oder beim Präzisionsschießen als Hilfe. Während man bei Faustfeuerwaffen zumeist die Hände, welche die Waffe halten, auflegt, kann man bei Langwaffen den Vorderschaft auf einen Sandsack, eine Deckenrolle o. ä. plazieren und die linke Hand zur Unterstützung des Schaftes benutzen. Beim MG-Schießen gehört diese Haltung zur Grundposition, wobei die vordere Abstützung durch das Zweibein erfolgt. Mitunter können Sturmgewehre oder MPis auch mit dem Magazin abgestützt werden, jedoch erweisen sich viele Magazinkonstruktionen als zu schwach für diese Praxis. Der freie Lauf der Waffe sollte niemals auf eine harte Unterlage gelegt werden, weil die Erschütterung des Schusses ein Hochprellen des Laufes verursacht. Waffenanschlag und Auflage sollten unter Berücksichtigung des Waffenschwerpunktes und der Waffenschwenkbarkeit (Schußfeld) erfolgen. Es empfiehlt sich, die Waffe hinter dem Schwerpunkt zu halten, um die Vorderlastigkeit zur Stabilisierung auszunutzen.

Das Zusammenspiel obengenannter Faktoren führt zum gezielten, präzise treffenden Schuß. Der Schütze wird die günstigste Schußposition in der Praxis nach den gebotenen Umständen auswählen, abhängig von der Entfernung zum Ziel, von der zur Verfügung stehenden Zeit und von der Situation. In der Combatpraxis wird der gezielte Schuß in den seltensten Fällen aus einer ungedeckten Position heraus abgegeben. Der Schütze muß darauf bedacht sein, sich vor Feindsicht und vor der gegnerischen Waffenwirkung zu decken. Die sich jeweils bietenden Deckungsmöglichkeiten, über die noch ausführlich gesprochen werden soll, sind auch zur Verbesserung der Schießbedingungen auszunutzen. Da der gezielte Schuß aufgrund höherer Trefferwahrscheinlichkeit stets dem instinktiven Schuß vorzuziehen ist, muß der Combatschütze immer wieder das schnelle Erkennen einer Deckung sowie das Einnehmen einer abgestützten Schußposition einüben. Dabei geht er von den Grundstellungen aus und paßt sich den jeweiligen Gegebenheiten an. Das Schießen in Grundstellungen kann anfangs auf dem Schießstand geübt werden, danach aber muß es im Gelände erfolgen.
Hierbei werden an eine schnelle Anpassungsfähigkeit, an Improvisationstalent und geistige wie körperliche Flexibilität hohe Anforderungen gestellt. Das alte militärische Wort: »Schweiß beim Training erspart Blut im Gefecht« gilt in besonderem Maße für das Combatschießen.

DIE GRUNDSTELLUNGEN
DES GEZIELTEN SCHUSSES MIT LANGWAFFEN

Die liegende Stellung. Dies ist die im Gelände am meisten benutzte Grundposition, besonders geeignet für das Schießen auf weite Entfernungen und vor allem, wenn sich der Schütze unter Feindeinwirkung befindet. Es ist auch die Lage, in der sich der Körper des Schützen am besten decken und entspannen kann. Gewehr oder Maschinenpistole und Oberkörper werden durch beide Arme abgestützt, wobei die linke Hand entweder den Vorderschaft oder das Magazin umspannt, die rechte Hand den Kolbenhals oder Pistolengriff führt. Der Kolben ist in die Schulter eingezogen, die rechte Gesichtshälfte hat

Liegende nicht ganz korrekte Körperhaltung, da der Oberkörper in der Hüfte nach rechts außen abgeknickt ist.

Auf's Zweibein aufgelegte Position, linke Hand unterstützt den Schaft, führt und drückt gegen das Zweibein um dem Rückstoß entgegenzuwirken.

sich, wie bei allen Zielpositionen, an den Schaft gelegt, das rechte Auge befindet sich in gerader Linie zum Visier. Beide Beine liegen flach am Boden, das rechte Bein in einer Geraden mit dem Gewehr. Das linke Bein ist nach außen abgespreizt, um die Lage von linker Schulter und linkem Arm körpergerecht zu gestalten. Bei einer eventuellen Schußfeldverlagerung bleibt der linke Ellbogen am Boden, und der gesamte Körper wendet sich um diesen Punkt. Dabei soll das

Liegende Schießhaltung mit dem LMG: der Körper ist gradlinig hinter der Waffe.

rechte Beim immer in Längsachse zur Waffe bleiben. Sonst verändert sich der Körperschwerpunkt durch den Rückstoß. Der Waffenriemen kann zur Abstützung um den Arm geschlungen werden.

Bei aufgestütztem Anschlag kann die linke Hand mit dem Unterarm gegen die Auflage gelehnt werden, die Waffe ruht weiter im »V« zwischen Daumen und Finger, oder der Schaft ist aufgelegt, und die linke Hand liegt unter oder auf dem Kolben. Beide Arme bilden nun ein umgekehrtes V, ein Zweibein, auf dem der hintere Teil der Waffe und der Oberkörper aufgestützt sind. Eine Veränderung des Schußfeldes erfolgt durch Heben, Senken oder seitliche Verlagerung des Körpers. Die linke Hand ist frei für den Magazinwechsel oder das Verstellen des Visiers. Beim Schießen mit dem MG ist dies die praktischste Position, wobei beide Beine geschlossen in gerader Linie zur Waffe liegen; die Fußspitzen in den Boden bohrend und den Körper gegen die Waffe pressend, um dem Rückstoß des Dauerfeuers entgegenzuwirken.

Die liegende Stellung ist eine außerordentlich sichere Lage des Körpers, und es sollte viel Übung darauf verwendet werden, diese Position schnell einnehmen und ebenso schnell wieder aufgeben zu können. Dazu gehört die Überwindung der Trägheit, die insbesondere dem modernen Menschen zueigen ist. Zuweilen wirkt es geradezu komisch, zu beobachten, wie sich manche Menschen auf dem Schießstand in die liegende Position begeben. Schnell und elegant ist folgender Bewegungsablauf, der auch aus dem Laufen heraus erfolgen kann:

Der Schütze hält die Waffe im Schwerpunkt mit der linken Hand und läßt sich vorwärts auf die ausgestreckte rechte Hand fallen. Sobald die Rechte Kontakt mit dem Boden hat, werden beide Beine, ähnlich wie beim Liegestütz, ausgestreckt nach hinten geworfen, wobei das Körpergewicht auf den rechten ausgestreckten Arm verlagert ist, der dann einknickt und den gestreckten Körper auf den Boden senkt. Die Fußspitzen gleiten dabei nach hinten, der Körper wird vom linken Ellenbogen abgefangen.

Das Aufstehen vollzieht sich ähnlich. Wieder hält die linke Hand die Waffe, die rechte wird neben dem Körper auf den Boden gestützt, drückt ihn hoch, während sich das rechte Bein anwinkelt, die Fußspitze in den Boden bohrt und den Körper vorwärts und hochschnellen läßt. Etwas Übung und Körperbeherrschung gehört allerdings dazu.

Wichtig. In der liegenden Position ist besonders darauf zu achten, daß keine Grashalme, Zweige oder ähnliches vor der Mündung sind, die

das Geschoß ableiten können, was extrem möglich ist bei leichten Kalibern wie .223 oder .22.

Schießen im Knien. In kniender Schießstellung ruht der linke Arm mit der Muskelpartie oberhalb des Ellenbogens auf dem linken Knie, der rechte Arm wird frei gehalten und steht etwas im Winkel zur Schulter, um den Sitz der Kolbenplatte in der Schulter zu sichern. Je nach individueller, anatomisch bedingter Eigenart des Schützen ist dieser Winkel größer oder kleiner. Der Körper sitzt mit der Gesäßpartie auf dem linken Bein, dessen Fußlage je nach Bequemlichkeit des Schie-

Normale kniende Position.

v. links n. rechts:
Die Fußposition beim Kniendschießen, mit offenem linken Knie und flach aufgelegtem rechten Fuß; mit flach aufgelegtem rechten Fuß und Körper in normaler Vorlage auf dem linken angewinkelten Knie; mit aufgesetztem rechten Fuß.

ßenden unterschiedlich ist. Jedoch sind ca. 60% des Körpergewichts auf das linke Bein verlagert, um die Spannung aus den Fußpartien des

rechten Beines zu nehmen. Um eine feste Lage der Waffe zu gewährleisten, sollte diese an einer Stelle über dem Knie sein, der Körper befindet sich also in einem Winkel zum Ziel. Viele Schützen plazieren deshalb den Kolben außerhalb der Schulter zwischen der Schulterkugel und dem großen Muskel des rechten Oberarmes.

Schnell eingenommene kniende Schußposition mit welter Vorlage des Oberkörpers auf das linke Knie.

Schießen im Sitzen. Neben dem Sitzen am Schießtisch, das dem Einschießen der Waffe gilt und das im gefechtsmäßigen Schießen kaum vorkommt, gibt es eine Reihe von Sitzpositionen, die folgendermaßen charakterisiert sind. Offener Sitz: fast ein Übergang vom Knien in den Sitz, lagert das Körpergewicht auf dem untergeschlagenen rechten Bein, das linke bildet hierzu einen offenen Winkel, und der Ellbogen ruht entweder auf dem Muskel vor dem Knie oder verhält sich wie beim Kniend-Schießen. Die Variation dabei ist, daß der Körper auf dem Gesäß ruht. Eine ähnliche Version ist der Sitz auf dem Gesäß mit weit geöffneten Beinen, wobei beide Arme auf den Knien aufgestützt und die Absätze in den Boden gestemmt sind.

Seitliche Sitzhaltung mit offenen Beinen

Eine äußerst zielsichere und bequeme Anschlagsart ist der Schneidersitz, bei dem beide Ellenbogen in den Beugen der Beine ruhen. Je nachdem, welches Bein untergeschlagen ist, wird das Körpergewicht verlagert. Es empfiehlt sich aber, das rechte Bein unter das linke zu bringen, der linke Unterschenkel ruht auf dem rechten seitlich gehaltenen Fuß, das Gewicht ist auf die linke Seite transferiert, und das rechte Knie etwas höher, wodurch der Rückstoß besser kompensiert

Schneidersitz-Schießhaltung. Trageriemen ist um das linke Handgelenk und den linken Oberarm geführt um die Waffe zu stabilisieren.

wird. Eine gebräuchliche Abart ist ferner das Sitzen mit an den Knöcheln gekreuzten Füßen. Der linke liegt über dem rechten Fuß, der linke Arm auf dem Knie wie beim Kniend-Anschlag und der rechte Ellenbogen in der rechten Kniebeuge. Diese sehr bequeme Haltung kann speziell für eine recht schwierige Schußsituation ausgenutzt werden, nämlich den gezielten Schuß nach oben. Die Erhöhung des Laufes wird erreicht, indem man die Waffe mit der linken Hand sehr weit hinten unterstützt bis fast vor den Abzugsbügel.

»Crossed-Ankle« Position.

Erhöhung der Laufmündung durch Zurücknahme der linken Hand.

Schießen in der Hocke. Dieser sehr schnell einzunehmende Anschlag ist äußerst günstig für den gezielten Schuß beim Vorgehen im offenen oder bebauten Gelände. Der Körperschwerpunkt liegt zwischen den beiden eingeknickten Beinen, beide Arme sind oberhalb des Ellenbogens auf die Kniescheiben abgestützt. So kann wiederum ein erhöhtes Ziel, wie vorher beschrieben, beschossen werden. Zudem ist in dieser Position die Waffe durch geringe Körperverlagerungen leicht

Eingehockte Zielhaltung, wobei der Körper im 45-Winkel zum Ziel ausgerichtet ist.

Eingehockte seitliche Schießhaltung des Körpers zum Ziel, wie sie beim Schießen aus der Deckung heraus gebräuchlich ist, z. B. an Hausecken.

zu bewegen und ein größeres Schußfeld zu erfassen. Bei jeder dieser Haltungen kann natürlich eine Abstützung des Körpers durch eine Wand, einen Baum, ein Fahrzeug oder ähnliches erfolgen.
Stehend freihändig. Dies ist die Standardhaltung, mit welcher der Schütze am ehesten vertraut wird und die in vielen Situationen verwendet wird. Die alte Lehrmethode, die heute höchstens noch für den schnellen, weniger gezielten als nur angedeuteten Schuß oder für den Feuerstoß benutzt wird, schreibt vor: ein durchgedrücktes rechtes

Orthodoxe Schießhaltung, Körper lehnt sich stark vor um den Rückstoß der Waffe aufzufangen, linker Fuß zeigt in Richtung zum Ziel, rechtes Bein durchgedrückt.

Die »neue« Schießhaltung.

Anlehnen, der Griff am Magazin wird durch die Führung des Waffenriemen, der die Mündung nach unten zieht und dadurch das Magazinende noch mehr in die linke Hand drückt, zusätzlich gefestigt.

Wer sagt, große Kaliber seien nichts für kleine Mädchen? Photo demonstriert den Rückstoß des AK47 im Einzelschuß.

Bein, Gewichtsverlagerung auf das leicht eingeknickte linke Bein, Vorlegen des Körpergewichtes und freihändige Armhaltung. Diese Schießhaltung hat ihre besondere Berechtigung bei rückstoßstarken Waffen. Im Trend zum schwächeren Kaliber wurde aber überall, selbst beim Militär, eine Anschlagart eingeführt, die sich stark an das Sportschießen anlehnt.

Die Füße stehen etwas mehr als schulterbreit auseinander. Die linke Hüfte wird durch den nach rechts abgewinkelten Oberkörper vorgeschoben und auf ihr der linke Ellenbogen plaziert. Im linken Handteller ruht das Magazin. Daumen und Finger sichern eine feste vordere Führung der Waffe. Selbst mit rückstoßstärkeren Waffen, wie dem FN/FAL, kann in dieser Anschlagposition der Rückstoß kompensiert werden. Die Haltung kann noch zusätzlich gefestigt werden, indem sich der Schütze mit dem Rücken an eine Wand oder einen Baum lehnt oder durch die Benutzung des Gewehrriemens. Mancher dünne Baum im Gelände mag zwar keine Deckung bieten, kann aber hervorragend als Lehne dienen.

Die Handhaltung beim gezielten Schuß mit der Langwaffe paßt sich den gegebenen Situationen an. Während die rechte Hand immer am

Niedrige aufgelegte Position, wobei die linke Faust als Auflage dient, der Daumen ist hochgestellt und verhindert ein seitliches Abkippen des Gewehres.

Stehende, die Deckung anstreichende Position – der linke Daumen ist abgespreizt und dient als Auflage des Gewehres

Kolbenhals oder am Pistolengriff liegt, kann die linke Faust je nach Waffentyp das Magazin am Magazinboden halten oder von vorne hakenartig, rückwärts gegen die Schulter drückend, die Magazinvorderseite umfassen. Sie kann als V-förmige Auflage für den Gewehrschaft dienen, oder bei einem Schießtisch mit Hilfe der Faust mit emporgestrecktem Daumen eine Auflage bilden. Beim Schießen aus der Deckung preßt die Linke mit geöffneten Fingern gegen die Wand, und der Vorderschaft wird auf den abgespreizten Daumen gelegt. Das Körpergewicht wird nach hinten verlagert, die Beinstellung auf den linken Arm transferiert, der je nach Lage gestreckt oder mit der ganzen Länge des Unterarmes an die Deckung gelehnt sein kann.

Normale Handhaltung bei einer Langwaffe.

Aufgestützte Schießstandhaltung, im Moment des Schusses; hier liegt der linke Zeigefinger gestreckt unter dem Vorderschaft.

DER GEZIELTE SCHUSS
MIT DER FAUSTFEUERWAFFE

Aufgrund der kurzen Lauflänge und des geringen Visierabstandes, sowie der relativ schwachen Treibladung der Munition, sind die Möglichkeiten des gezielten Schusses auf Entfernungen über 50 Meter stark begrenzt. Jedoch ist es durchaus möglich, mit etwas Erfahrung Ziele auf 100 oder mehr Meter mit der Pistole oder dem Revolver zu bekämpfen. Grundsätzlich sind die gleichen Körperhaltungen wie beim Langwaffenschießen möglich, nur muß beachtet werden, daß der gestreckte rechte Arm, der die Waffe hält, den Platz des Gewehrkolbens, der Schulterstütze, einnimmt und der linke Arm abstützend und stabilisierend wirkt.
Die frühere sportliche Anschlagsart, wobei der Körper halb seitwärts (45°) zum Ziel steht und nur eine Hand die Waffe hält, ist in der heutigen Praxis völlig fehl am Platz.

Die Aufnahme zeigt, wie weit eine FN High Power nach einem Schuß aus der Visierlinie geworfen wird und verdeutlicht die Sinnlosigkeit des einhändigen Zielanschlags im Combatschießen.

Beidhändige Waffenhaltung kurz nach dem Schuß, man beachte, wie wenig die Pistole vom Rückstoß aus der Zielhaltung weggedrückt werden konnte.

Die *stehende* Position wird mit schulterbreit auseinandergestellten Beinen, der gesamte Körper dem Ziel zugewandt und mit einem beidhändigen Anschlag ausgeführt, bei dem der linke Arm nach hinten zieht, der rechte nach vorn drückt, um eine größtmögliche Stabilität zu erreichen. Lediglich die Haltung der Hände kann variieren. Die rechte Wange kann, ähnlich wie beim Gewehrschießen, auf den Oberarmmuskel gelegt werden, um das Auge fest hinter die Visierlinie zu bringen. Der rechte Arm ist in den meisten Fällen gestreckt und im Ellenbogen-Gelenk »verriegelt«. Jedoch gilt das nur bei Waffen mit mit-

Gewehranschlag: Wange liegt auf dem rechten Oberarm ähnlich wie auf einer Schaftbacke auf.

Diese Dame hatte die Anweisungen ihres Trainers falsch verstanden: Die linke Hand liegt zu weit zurück, hinter dem Ellenbogengelenk; der Kopf ist nicht angelegt. In dieser Position kann der linke Arm nicht genügend unterstützen.

telstarkem Rückstoß; Magnumladungen sollten mit elastisch gestreckten Armen aufgefangen werden, damit die Waffe den Schlag nicht auf den Oberkörper überträgt und damit man nicht zu sehr aus der Ziellinie geworfen wird.

Ein anderer, weniger häufig praktizierter Anschlag stützt den linken Ellenbogen auf dem Oberkörper ab (wie beim modernen Gewehranschlag) und legt den rechten Arm unterhalb des Ellenbogens auf den nach oben gerichteten Handteller oder umschließt ihn am Handgelenk.

Der *Schuß im Knien* wird ebenfalls wie beim Langwaffengebrauch ausgeführt: der linke Arm stützt sich auf das linke Knie, der rechte ist gestreckt. Die Schußhand lagert in dem nach oben gekehrten Handteller der linken Hand. Diese Haltung gleicht der *hockenden* Position und erlaubt präzise, zielsichere Schüsse auf größere Entfernungen.

Der *Schuß im Sitzen* kann erfolgen:
a) mit geschlossenen Knien, zwischen denen beide Hände eingeklemmt sind;
b) mit geschlossenen Knien, in der nur die Schußhand liegt, wobei der andere Arm den Körper am Boden abstützt;
c) mit offenen Beinen, bei denen die Ellenbogen auf den Knien lagern.

In der *liegenden Schußposition* ruht der Oberkörper auf den Ellenbogen beider Arme, die, einem Zweibein ähnlich, die Waffe stützen. Wegen der Möglichkeit, die Arme vor- oder rückwärts abzukippen, sollte der Schütze immer bemüht sein, eine Deckung bzw. Auflage zu finden, an die er die Arme lehnen kann, um eine Ruhestellung während des Zielens zu gewährleisten.

Bei einer Auflage der Faustfeuerwaffe ist darauf zu achten, daß der Griffabschluß bzw. der Magazinboden nicht direkt auf dem Objekt aufliegt, um eine Beschädigung zu vermeiden. Dies ist besonders wichtig bei Pistolen mit unten angesetztem Magazinhalter, der dadurch leicht entriegelt werden kann (HK P9s, P38 etc.).

Die folgenden Bilder vergegenwärtigen die verschiedenen Handpositionen beim gezielten Schuß mit der Faustfeuerwaffe.

Liegende Schießhaltung ohne Auflage: Waffenhand und Ellenbogen liegen direkt auf dem Boden. Der Schütze bietet so eine sehr niedrige Silhouette.

Der »Rock-the-Baby« Anschlag führt für sehr kurze Zeit zu einer ruhigen Lage der Faustfeuerwaffe und eignet sich daher für den schnell angeschlagenen Zielschuß.

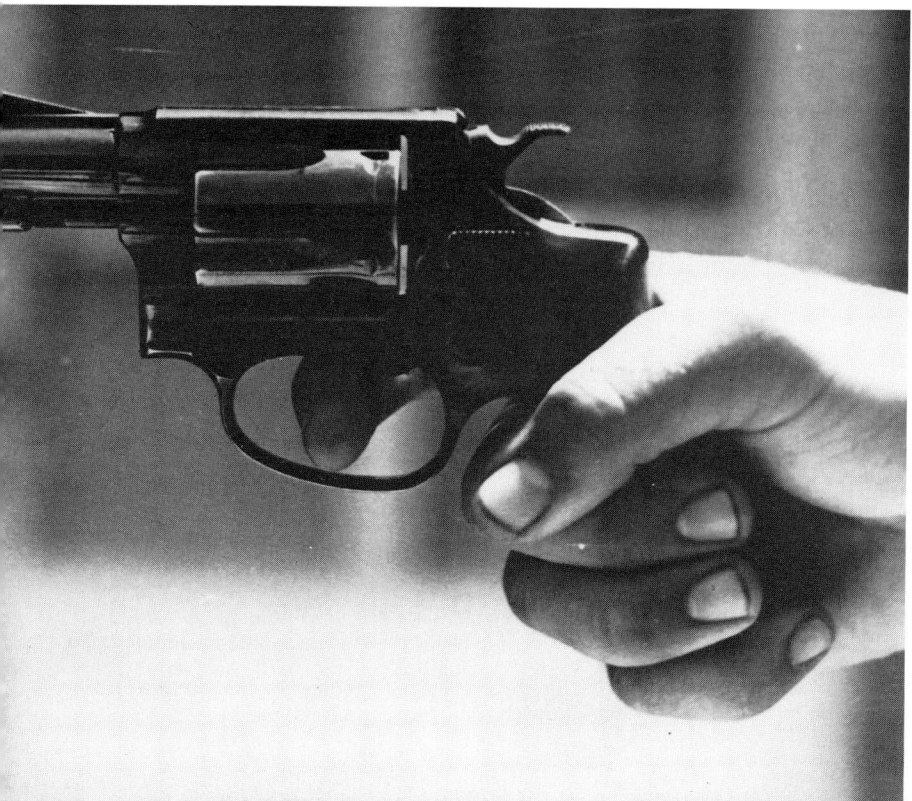

Das Photo zeigt die Lage des rechten Zeigefingers beim DA-Schießen: der Abzug wird mit der ersten Beuge des obersten Zeigefingergliedes geführt. Man sieht hier auch, daß der fabrikmäßige Griff von Snubnose-Revolvern für große Hände zu klein ist, beim Schuß wird sich der Revolver nach rechts aus dem Handgriff drehen.

Beidhändige Waffenhaltung nach Sheriff Weaver, der diesen Griff populär machte. Schütze ist Linkshänder. Die Finger der unterstützenden Hand liegen in den Zwischenräumen der Finger der waffenhaltenden Hand, Daumen ruht auf Daumen.

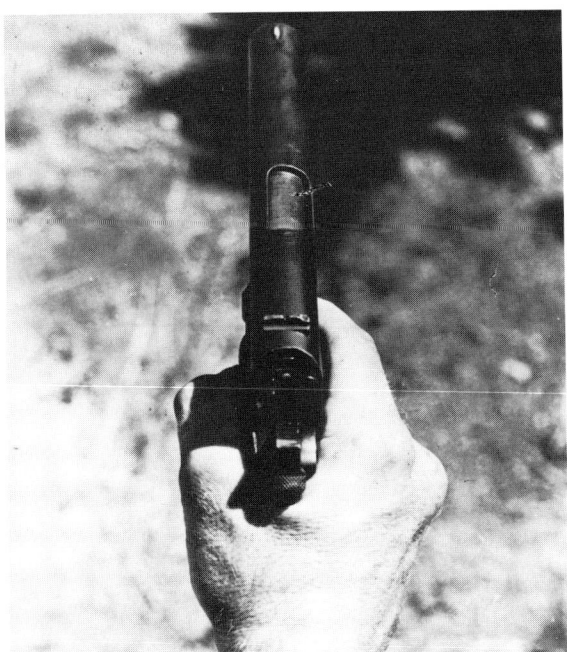

Richtige Handlage der Pistole: die Waffe liegt genau zwischen Daumen und Fingerknochen, so daß die Ziellinie eine Fortführung des Unterarmes ist. Zum Anschlag wird jetzt das Handgelenk nach rechts abgeknickt.

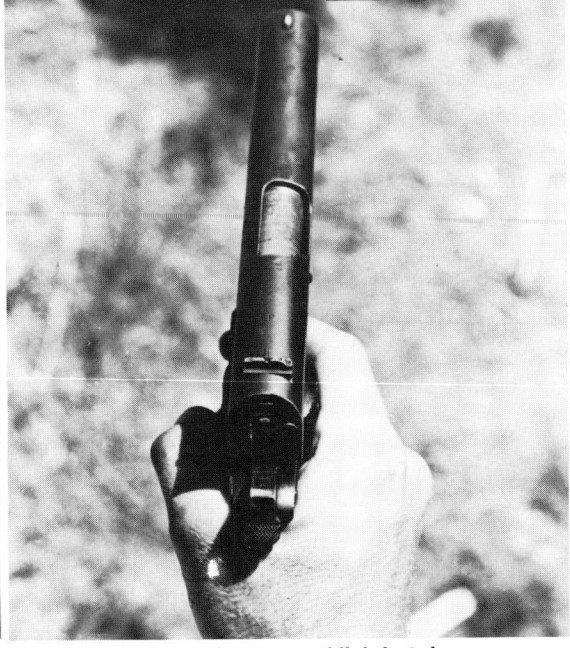

Falsche Handlage: fast unmerklich hat der Schütze hier die Pistole in der Handfläche nach außen gedreht, als er das Handgelenk abdrehte, um die Waffe vor das Zielauge zu bringen: beim Schuß wird sich die Waffe durch den Rückstoß nach rechts aus der Hand herausdrehen, er muß für einen neuen Schuß nachgreifen.

Diese Handhaltung wird von vielen Revolverschützen bevorzugt, der Zeige- und Mittelfinger der unterstützenden Hand liegt unter dem Griff des Revolvers; die linke Hand umschließt das rechte Handgelenk. Diese Griffführung bietet sich besonders bei Taschenrevolvern mit kleinen Griffschalen an.

Haltung »liegend-aufgelegt« mit Colt SAA, .22 Magnum.

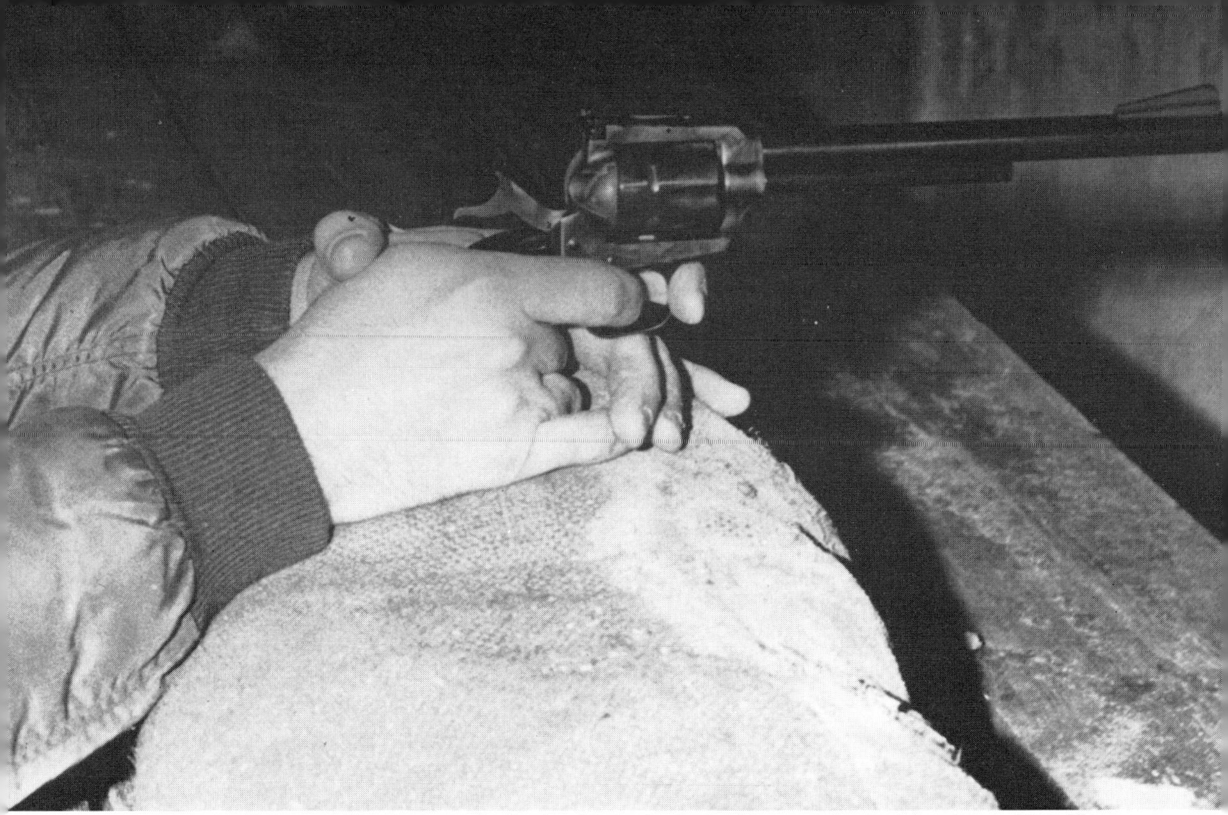

Fingerposition beim aufgelegten Zielschuß, der Abzugsbügel ruht auf dem Mittelfinger der linken Hand. Besonders geeignet zum Einschießen der Waffe.

Einige Schützen legen beim Weaver-Griff den Zeigefinger der linken Hand an den Abzugsbügel für eine bessere Rückstoßkontrolle. Nach Meinung des Autors hat der abgebildete Enfield Albion für einen Armeerevolver überraschend gut geformte Griffschalen, die die Waffe in eine positive Griffhaltung zwingen.

DER INSTINKTIVE SCHUSS »DEUTSCHUSS«

Der Zielschuß gehört zur »Grundschule« des Combatschießens. Jeder Schütze, der den instinktiven Schuß als Lernziel hat, muß sich zunächst um die Beherrschung des gezielten Schießens bemühen. Erst dann kann er in die »Aufbauklasse« des Deutschusses versetzt werden, wo ihm nun gesagt wird, daß er das Gelernte zwar nicht vergessen, aber vorerst in einen unbenutzten Teil seines Gedächtnisses abschieben soll.
Ein kurzer Blick in die Polizeiberichte und Akten von Verbrechen, die unter Benutzung von Schußwaffen geschahen, beweist die Notwendigkeit einer instinktiven »Deut-Schießweise« in der Praxis. Die meisten Feuergefechte in Städten spielen sich auf Entfernungen von weniger als zehn Metern ab, oft sogar unter fünf Metern. Der Angegriffene wird weder die Notwendigkeit noch die Zeit haben, eine Grundstellung einzunehmen, die Waffe zum Schuß in Augenhöhe zu bringen und über die Visierung zu zielen. Der Angriff wird für ihn in den meisten Fällen unerwartet eröffnet. Der Angreifer wird seine Waffe bereits im Anschlag oder sogar schon geschossen haben. Besonders im letzten Fall muß der Angegriffene erst einmal die Schrecksekunde überwinden, die durch das Vorbeizischen der Kugel sowie durch Blitz und Knall des Schusses hervorgerufen wurde. Dieses Gefühl ist völlig unterschiedlich von dem Schußerlebnis, das man hat, wenn man neben oder hinter der schießenden Waffe steht. Der Angegriffene muß also blitzschnell zur Gegenwehr übergehen. Er wird unter Voraussetzungen zu schießen haben, die ein Zielen entweder nicht nötig oder nicht mehr möglich machen, und er wird unter Umständen nicht einmal mehr auf seinen Beinen stehen oder verwundet sein. Die rein instinktive Anschlagsart wird die sein, bei der die Waffe nur noch in Richtung des Gegners deutet, während der Rest des Körpers unbewußt in eine völlig entgegengesetzte Richtung strebt, vom Angreifer weg, um sich so in Sicherheit zu bringen. Diese beiden natürlichen Verhaltensformen lagen den ersten Combatschußtechniken zugrunde.
Das Prinzip der Deutschußtechnik beruht auf einem Zielverhalten, das jedem Menschen unbewußt eingegeben ist, nämlich dem Phänomen, das auftritt, wenn wir auf etwas blicken und mit dem Zeigefinger darauf deuten wollen: die rechte Hand wird sich am ausgestreckten Arm, der etwas nach rechts abgewinkelt ist, bis in Gesichtshöhe heben, so

daß sie unterhalb der direkten Blickrichtung liegt, in einer Linie mit Kinn und Nase.

Eine zweite körperliche Gegebenheit wird ebenfalls für den Deutschuß ausgenutzt: heben wir bei aufrechtem Stehen beide Arme und vereinigen sie gestreckt vor dem Körper in Kinnhöhe, so gleicht das einem gleichschenkligen Dreieck, dessen Spitze (hier die Hände) genau in Körpermitte liegt. Bei einer Zweihandschußhaltung wird eine Faustfeuerwaffe also immer in Richtung des Zieles gerichtet sein, solange die übrige Körperhaltung, vor allen Dingen der Oberkörper, dem Objekt mit der Brustseite gegenübersteht. Dies kann erreicht werden, indem der Oberkörper in der Hüfte gedreht wird oder, was sicherer ist, indem der Körper durch Verstellen der Füße immer zum Ziel ausgerichtet wird.

Eine dritte instinktive Verhaltensweise des Menschen bringt für das Verteidigungsschießen die notwendige Ergänzung und Abrundung. Captain W. E. Fairbairn, einer der ersten wirklichen Lehrer der Combat-Schießweise, beschrieb dieses in seinem Buch »Shooting to Live« (Seite 39) folgendermaßen: »*Ihre Einführung (der o. g. Haltung; Anm. des Autors) in dieses Trainingssystem geht auf ein Ereignis im Jahre 1927 zurück. Eine Einsatzgruppe von 15 Mann hatte sich vor Anbruch des Tages Eingang in ein von Kriminellen besetztes Haus zu verschaffen. Der einzige Zugang zu dem Haus war eine besonders enge Gasse, und man erwartete jeden Moment, daß die Verbrecher das Feuer eröffnen würden. Nach dem Einsatz, als man bei Tageslicht zu der Gasse zurückkehrte, entdeckten die Männer, sehr zu ihrem Erstaunen, eine Reihe von festen Drähten, die in Intervallen in Gesichtshöhe quer über die Gasse gespannt waren. Die gesamte Gruppe mußte sich ducken, um unter den Drähten vorbeizukommen, aber niemand erinnerte sich, daß er beim Nähern an das Haus in der Dunkelheit entweder deswegen gehalten hätte, oder in sie gerannt wäre. Sofortige Nachforschungen ergaben, daß die Drähte dort schon über eine Woche waren und dem unschuldigen Zweck des Wäscheaufhängens dienten. Die Nachforschungen ... demonstrierten in anschaulichster Weise, daß jeder Einzelne der Gruppe, in der Erwartung jeden Moment beschossen zu werden, sich während des schnellen Passierens der Gasse beachtlich geduckt haben mußte ...*«

Die instinktive gespannte Körperhaltung, bei der die Füße ca. schulterbreit auseinandergesetzt sind, die Beine leicht eingeknickt zur halben Hocke und der Oberkörper etwas nach vorn geneigt, bildet die Position, in der der Mensch am wenigsten aus dem Gleichgewicht zu

bringen ist. Sie ist in den meisten Sportarten vertreten, z. B. bei Ping-Pong, wie Basketball, beim Boxen und beim Judo. Es ist die Bereitstellung des Körpers und gleichzeitig die instinktive Schutzstellung, in die sich der Mensch zurückzieht, »einduckt«, wenn er erschreckt wird.
Gleichermaßen ist sie auch für den Combatschuß mit Lang- oder Faustfeuerwaffe die ideale Ausgangsposition. Aus ihr heraus wird geschossen, gesprungen und gehockt. Sie verkleinert das Ziel, das dem Angreifer geboten wird, um einen wesentlichen Teil, und sie demonstriert nach außen hin Einsatz- und Angriffsbereitschaft. Die Schußabgabe beim instinktiven Schießen erfolgt dann, wenn Körper und Arme die jeweilige Haltung eingenommen haben, die Waffe auf den Gegner gerichtet und unbewußt gezielt haben – nicht über die Visierung, sondern durch das Ausrichten des Körpers. Beim instinktiven Schuß schießt nicht der Arm, das Auge, sondern *der ganze Körper zielt und schießt!*

DIE GRUNDPOSITIONEN UND TECHNIKEN FÜR DEN SCHUSS MIT DER FAUSTFEUERWAFFE

Die Waffe, die am häufigsten für den instinktiven Schuß herangezogen wird, ist der Revolver oder die Pistole, deshalb soll die Faustfeuerwaffentechnik der der Langwaffe vorangestellt werden. Die Schußentfernungen, innerhalb deren die jeweiligen Anschlagarten möglich, gebräuchlich oder zweckmäßig sind, werden durch die Positionen selbst begrenzt, d. h. es gibt keine Schießstellung, die allen Situationen gerecht wird. Es ist jedoch Wert auf den Hinweis zu legen, daß ein zweihändiger Anschlag immer zweckmäßiger ist als ein einhändiger und daß er nach Möglichkeit immer angewandt werden sollte, da er eine bessere Kontrolle der Waffe ermöglicht, sowohl beim Schuß selbst, als auch bei dem Folgeschuß. Die Combattechnik, die sich aus den Erfahrungen der Praxis gebildet hat, beweist, daß eine Doublette, d. h. zwei schnell hintereinander abgegebene Schüsse, die Trefferwahrscheinlichkeit und Aufhaltekraft wirksam erhöhen. Der Combatschütze sollte sich also von Anbeginn daran gewöhnen, derartige Doubletten zu schießen, und dazu gehört die zweite Hand an die Waffe.

Diese Aufnahme zeigt die Schnelligkeit des Combatschießens: Die zwei leeren Hülsen einer Doublette sind fast gleichzeitig in der Luft.

Bei den nun folgenden Beschreibungen sollen auch konventionelle Schießtechniken zur Besprechung gelangen, um das Entstehen der Combatpraktiken zu verdeutlichen. Der Schuß auf kurze und kürzeste Entfernungen (0–3 m) ist der *Hüftschuß*, der dadurch charakterisiert ist, daß die Waffe im unmittelbaren Bereich der Hüfte bleibt und von dieser höchstens eine Unterarmlänge entfernt wird. Bedingt durch die unmittelbare Entfernung vom Ziel wird der Schütze nicht einmal Zeit haben, seine Körperhaltung zu verändern, sondern er schießt, sobald die Waffe das Holster verlassen hat und auf das Ziel gerichtet ist. In der Praxis ist dies der Fall bei einem in unmittelbarer Nähe befindlichen Angreifer. Für die Abwehr eines Angreifers, mit dem es zum Körperkontakt kommt, sollte der *Schuß aus der Seite* geübt werden, wobei besonders darauf zu achten ist, daß außenliegende Funktionsteile wie der Hammer nicht in Berührung mit der Kleidung kommen und eine Schußabgabe eventuell verhindern. Der Schütze sollte erlernen, in einer solchen Situation die rechte waffenhaltende Körperhälfte vom Angreifer wegzudrehen, um die Schießhand vor Einflüssen zu schüt-

Der Schuß aus der Hüftnähe: Der rechte Arm wird an der Körperseite nach hinten weggezogen, der linke Arm wehrt den Angriff ab. Der Fangriemen der Waffe (Lanyard) ist um die rechte Schulter gelegt – er sollte nie um den Hals geführt werden, wie man oft beobachten kann, weil er einem Angreifer im Nahkampf als Würgemöglichkeit dienen kann!

Hüftschuß nach links. Bei diesem Anschlag ist darauf zu achten, daß der linke Arm nie in die Nähe oder vor die Mündung gerät.

zen. Der linke Arm dient dabei der Abwehr des Angriffs, der mit einem Messer oder gefährlichen Schlag- oder Stoßinstrument erfolgen muß, um den Schußwaffengebrauch zu rechtfertigen. Grundsätzlich sollte man vermeiden, in eine derartige Situation zu gelangen und sich deshalb potentielle Angreifer auf mehr als Armeslänge Abstand vom Leibe halten.

Der *Hüftschuß mit aufgesetztem Ellenbogen* ist der Schuß, der Schußentfernungen bis fünf Meter erlaubt und bei geübten Schützen auch noch darüber hinaus Treffer gestattet, weil die Waffe im unteren Gesichtskreis erscheint und unbewußt kontrolliert wird. Der rechte Ellenbogen wird dabei auf den Hüftknochen aufgestützt, und der Körper wird etwas nach rechts geknickt, um den Kopf über der Waffe zu haben und nicht seitlich daneben, wie es bei einer aufrechten Haltung der Fall wäre. Die Beine werden leicht eingeknickt (Idealstellung). Eine Variante davon ist der Yaqui-Anschlag (nach einem mexikanischen Indianerstamm, der unter Pancho Villa kämpfte), bei dem der

Der Yaqui-Schuß.

Der Hüftschuß nach FBI-Art. Der linke Arm sollte den Körper schützen.

Oberkörper zurückgebogen wird, um die Waffe noch mehr in den Blickbereich zu bringen. Der aufgestützte Ellenbogen erlaubt eine hervorragende Kompensation des Rückstoßes auch schwerer Kaliber; die Waffe kann nur nach oben hin wegschlagen.
Die nächstliegende Version ist der *freie Hüftschuß*, bei dem die Schießhand von der Hüfte weg in Bauch- oder Brusthöhe in Richtung des Zieles »geschoben« wird, wobei sie in Körpermitte bleibt. Dies ist der klassische Deutschuß für Entfernungen bis maximal 10 m, auch als FBI-Schuß bekannt. Die Schießausbildung der amerikanischen Polizei bzw. des FBI sah das Halten des freien linken Armes vor dem Oberkörper vor. Dies war als zusätzliche Sicherheitsmaßnahme gedacht. Der dergestalt vor der Brust befindliche Unterarm ist durchaus in der Lage, Geschosse abzubremsen oder sogar vollständig aufzuhalten. Viele Schützen hielten den linken Arm so, daß Gesicht, linke und rechte Faust eine gerade Linie (zwar schräg nach unten) in Richtung auf das Ziel bildeten und hatten dadurch eine instinktive Zielhilfe. Weitaus besser für die Feuerkontrolle und als instinktive Zielmöglichkeit ist der *hüft- oder brusthohe Anschlag mit beiden Händen,* geübte Schützen erreichen damit sichere Treffer auf 10–15 m. Die Bein-

Der beidhändige Anschlag von der Seite.   **Von vorn.**

und Körperstellung entspricht der Idealhaltung; leicht eingeknickte Beine, tiefe Schwerpunktlage. Eine schnelle Zielerfassung wird erreicht, indem sich beide Hände in Körpermitte, in Höhe des Magens oder Brustbeins, treffen, die rechte Hand mit der Waffe stößt in die linke Hand zum »Weaver-Griff«. Will der Schütze sich umdrehen, um

Nach dem Ziehen. **Beim Schuß.**

ein seitlich von ihm oder hinter ihm stehendes Ziel zu beschießen, so bleibt ein Fuß am Boden und der andere wirft den Körper herum, rotiert ihn um den Drehpunkt. Diese Haltung ist jeder einhändigen überlegen. Der »FBI-Anschlag« und dessen zweite Variante, bei dem die linke Hand neben die rechte gehalten wurde (Handteller nach unten, auf der gleichen Höhe), um ein schnelles Richten zu erreichen, gehören der Vergangenheit an oder sollten ihr angehören, denn in vielen Lehrgängen werden diese Positionen immer noch gelehrt. Auch eine weitere, nach meiner Meinung ebenfalls überholte Haltung, wird noch an einigen Polizeischulen gelehrt. Sie nützt die im Vorhergehenden beschriebene Fluchtbewegung des Körpers aus, indem sie eine *seitliche Schießstellung* propagiert. Der Körper steht, leicht eingehockt, seitlich zum Ziel, der rechte Arm wird von unten nach oben gehoben und je nach Entfernung entweder halb oder völlig gestreckt. Der linke Arm führt eine Balance-haltende Ausgleichsbewegung durch. Diese

Die ideale Combathaltung: Beine sind etwas mehr als schulterbreit auseinander, Arme gestreckt, die Waffe ist genau in Körpermitte.

Position hat den Vorteil, daß der Schießende selbst nur ein schmales Ziel bietet. Jedoch sind die Nachteile offensichtlich: bei einem eventuell nachfolgenden, beidhändigen Zielschuß muß der Schütze seine Körperhaltung völlig verändern.

Das »Nonplusultra« im Bereich des instinktiven Schusses sind die Positionen, bei denen die Waffe in Augenhöhe gebracht wird. Es ist fast ein Zielschuß, ohne die Visierung zu gebrauchen. Der Schütze hält beide Augen offen und bringt die Waffe hoch, bis der Lauf sich unterhalb der Nase befindet; er blickt über die Laufoberseite auf das Ziel. Mit der beidhändigen Schußhaltung bei ausgestreckten Armen kann man auf diese Weise Ziele auf Entfernungen über 25 Meter bekämpfen. Dabei kann man nach Abgabe der ersten Doublette in der Idealstellung zur Hocke übergehen, um das eigene Zielbild zu verkleinern.

Die ideale Combathaltung wird oft von der hier gezeigten tiefen Hocke für die Abgabe einer zweiten Doublette gefolgt.

Jeder einhändige Anschlag ist dieser Schießweise klar unterlegen. Eine Version des FBI-Hüftschusses, bei dem die Waffe am gestreckten Arm hochgerissen wurde, ist daher auch veraltet und findet nur der Vollständigkeit halber Erwähnung.

Die Hauptschwierigkeit beim einhändigen Anschlag ist es, die Waffe nach einem Schuß schnell wieder in die Ziellinie zurückzubringen, da der Rückstoß natürlich die Haltekraft eines Armes leichter überwindet als die zweier Arme beim Weaver-Anschlag. Der zweite Faktor liegt im Eigengewicht der Waffe. Bei einem Hochreißen zum Schuß ist es viel schwieriger, den Schwung, der durch das Gewicht noch verstärkt wird, einhändig abzufangen als zweihändig. Der einhändige Anschlag, der für kleine Taschenpistolen völlig ausreicht, ist bei großkalibrigen Waffen fehl am Platz. Viele Schützen tragen jedoch noch eine Taschenpistole im Kaliber 6,35 oder .22 l.r. als Zweitwaffe, quasi als Notbehelf, mit sich. Besonders der amerikanische Derringer mit seinen kleinen Ausmaßen und seiner großen Patrone ist dafür beliebt.

Für diese Waffen (gemeint sind hier die Taschenpistolen) wurde eine Schußweise entwickelt, die bei leichten Waffen mit rückstoßschwachen Patronen hervorragende Ergebnisse bringt. Nach dem Ziehen der teilgeladenen Pistole (Magazin im Griff, Lauf leer) ergreift die linke Hand den Schlitten, während die rechte Hand die Waffe niederstößt, indem der Arm gestreckt wird. Die Finger der linken Hand lassen den Schlitten los, wenn er in seiner rückwärtigen Grenzstellung ist: die

Der geringe Rückstoß bewirkt, daß die Treffer jeder Doublette eng nebeneinander liegen. Trefferergebnis mit der beschriebenen Schußweise.

Waffe ist durchgeladen. Der Körper geht dabei in die Idealstellung, und der gestreckte rechte Arm führt die Waffe in Augenhöhe, während der linke Arm nach links halbvorn und halbhoch gestreckt wird, um dadurch die Gegenbewegung auszubalancieren.

Die idealste Waffe der kleinsten Kaliber ist die .22 l.r., deren Aufhaltekraft in Verbindung mit Hollow-Point-Hochgeschwindigkeitspatronen die der 7,65 mm Normalpatrone übertrifft.

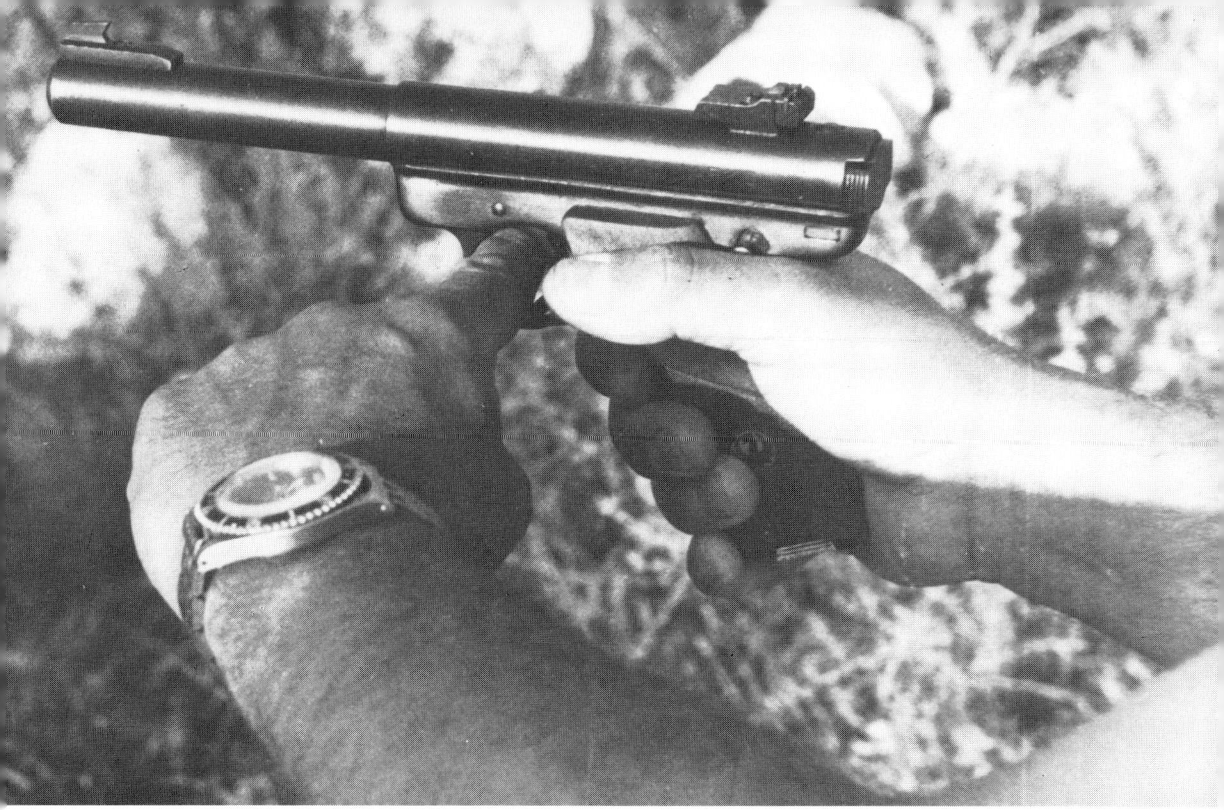

Auf diese Weise kann man eine .22 l.r. auf kurze Entfernung effektiv wie ein Mpi schießen: der linke Zeigefinger wird schnell im Abzugsbügel hin- und hergeschlagen, der rechte Arm wie ein Schaft an die Körperseite gedrückt.

»Fanning« eines Single-Action Army, bei dem der Abzug durchgezogen bleibt und der Hahn mit der Handkante zurückgerissen wird, ist ein nostalgisches Relikt aus der Wild-West Zeit und dürfte im praktischen Combatschießen, genau wie der SAA, nichts zu suchen haben.

LANGWAFFEN UND INSTINKTIVES SCHIESSEN

Obwohl Langwaffen von ihrer Konstruktion her für den gezielten Schuß auf größere Entfernungen prädestiniert sind, wird es immer Situationen geben, sie auch im Nahgefecht benutzen zu müssen. Genau wie bei der Faustfeuerwaffe geschieht dies zumeist instinktiv und ohne Berücksichtigung der vorhandenen Zieleinrichtungen. Die Entfernung wird in den seltensten Fällen über 50 Meter liegen. Ein derartiger Waffengebrauch entsteht in Situationen, wie z. B. beim Absuchen von unübersichtlichem Gelände oder von Häusern, bei nächtlichen Aktionen und Überfällen.
Es muß an dieser Stelle betont werden, daß unter instinktivem Schießen nicht das ungezielte Schießen aus Angst, Panik oder Hysterie gemeint ist, wie es z. B. im Krieg bei unerfahrenen Soldaten beobachtet werden kann, die während eines Angriffs schießen, weniger um zu treffen, als um sich selbst zu beruhigen.
Waffen, wie die Maschinenpistole oder die Polizeiflinte sind aufgrund ihrer Bau- und Funktionsweise besonders geeignet, ihre Geschosse zu streuen, um ein Treffen ohne Zielen zu ermöglichen. Jedoch habe ich das streuende, ungezielte Automat-Feuer immer für eine Munitionsverschwendung gehalten, da es durchaus im Bereich des Möglichen und Erlernbaren liegt, Feuerstöße im Hüft- oder Schulteranschlag zielsicher abzugeben, indem mit dem gesamten Körper gezielt wird. Das trifft gleichfalls auf Repetier- oder halbautomatische Gewehre zu. Die Anschlagsarten und Körperhaltungen sind für die verschiedenen Waffenarten gleich oder doch sehr ähnlich. Der wesentliche Unterschied liegt in der Benutzung des Feuerstoßes zum Einzelschuß: Beim Feuerstoß wird die Mündung absichtlich etwas gesenkt, damit sich, durch die Aufwärtsbewegung des Rückstoßes verstärkt, die Waffe von unten nach oben durchs Ziel »frißt«, während beim Einzelschuß natürlich direkt auf das Zielobjekt gehalten wird. Die Trefferkontrolle, bzw. die Korrektion der Trefferlage, erfolgt durch Beobachtung der Einschüsse, wobei es natürlich angebracht ist, vor dem Dauerfeuer mit sogenannten »Pfadfinderschüssen« das Ziel zu suchen und dann den Feuerstoß folgen zu lassen. In der zeitbegrenzten Praxis wird für ein solches Unterfangen jedoch sehr oft die notwendige »Muße« fehlen.
Die *herkömmliche Standardversion* für den Langwaffenschuß im Nahkampf war und ist immer noch der Hüftschuß, wobei der Kolben zwischen rechter Körperseite und Unterarm geklemmt wird, die linke Hand am Vorderschaft oder am Magazin, und der Körper mit vorgeschobenem linken Fuß, linker Körperseite und Schulter auf das Ziel

Herkömmlicher Hüftschuß: beide Ellenbogen sind körpernah, der Schaft wird in die Seite gepreßt.

gerichtet war. Bei gleichseitiger Vorlage des Oberkörpers (etwas über die Waffe geneigt) ist das rechte Bein nach hinten ausgestreckt, um den äußerst harten Rückstoß aufzufangen. Während eine solche Körper- und Waffenhaltung beim Vorgehen entlang einer Hauswand, beim »Streuen« einer Garbe in einem Raum oder beim Schießen mit dem Maschinengewehr angebracht und praktisch ist, erweist sie sich für einen sicheren Instinkt-Schuß oder für einen kurzen Feuerstoß nicht als optimal. Sie ist jedoch nicht abzulehnen und sollte als Grundposition beherrscht werden. Allerdings können die folgenden Arten in vielen Situationen weitaus angebrachter sein.

Bei der herkömmlichen Version konnte die Waffe entweder wie beschrieben gehalten werden oder mit der Schaftkappe auf der Hüfte abgestützt werden. Dabei übertrug sich natürlich die Rückstoßkraft stärker auf den Körper mit der Folge, daß die Waffe die rechte Hüfte nach links wegdrückte und dann rechts »ausbrach«. Diese Bewegung ist vom Schützen selbst nicht zu bemerken, sondern drückt sich nur in der Verschiebung der Trefferlage aus. Der nächste Schritt war, daß

Instinktschuß mit der Waffe in Körpermitte.

Die Ingram im Feuerstoß.

Die Schießhaltung von vorn, der Schaft sitzt an dem Bauch auf.

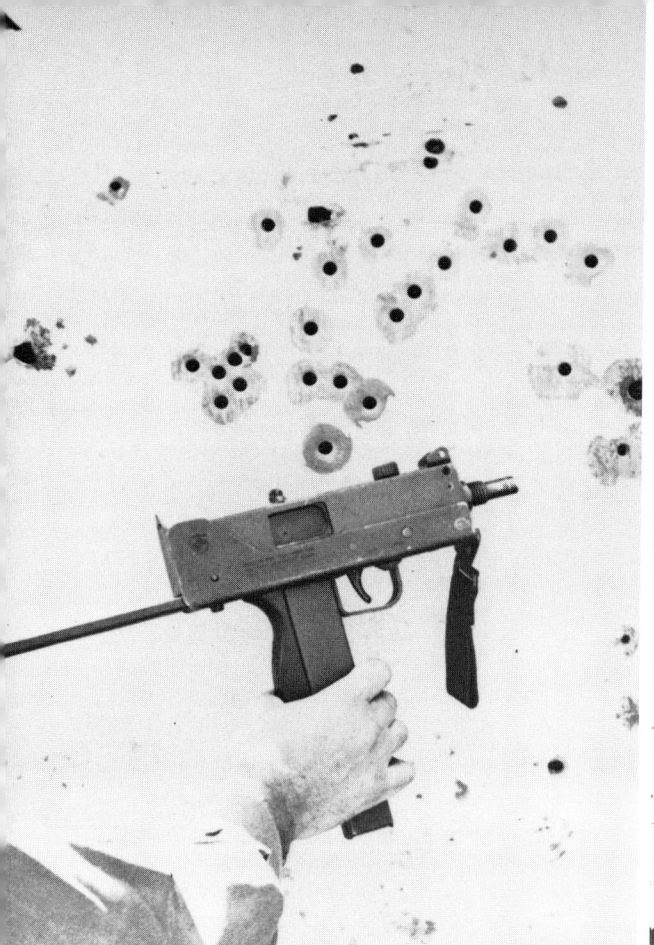 

Streukreis der Ingram auf der Fahrertür eines LKW nach einem kontinuierlichen Feuerstoß aus der Idealhaltung, mit der Waffe in Körpermitte: auf 30 Meter Entfernung liegt die gesamte Garbe eng beieinander.

Schuß nach links aus dem Schulteranschlag. Der Kopf wird normal gehalten, beide Augen blicken aufs Ziel, der Oberkörper dreht sich zum Ziel.

man den Kolben mehr in Körpermitte hielt und in die Idealstellung ging. Der linke Arm konnte leicht geknickt oder gestreckt gehalten werden, wobei der Handteller von oben auf die Waffe drückte. Diese Handposition erweist sich bei Feuerstößen als sehr stabilisierend. Die Waffe liegt in Körpermitte, im unteren Teil des Gesichtskreises und kann optisch kontrolliert werden. Geübte Schützen verzeichnen mit diesem Anschlag Treffer auf Entfernungen bis zu 50 Metern.

Wegen der Körperhaltung kann man die Waffe nach der zuvor beschriebenen Schießweise nicht im Gehen oder Laufen anschlagen und abfeuern. Dies ist nur möglich beim instinktiven Schulteranschlag, bei dem der Kopf mit geöffneten Augen aufrecht gehalten wird (also nicht an den Schaft angelehnt wie beim Zielschuß) und die Waffe an die Schulter geführt wird. In der US-Armee, wo diese Schießweise Teil des Ausbildungsprogrammes wurde, nannte man die Technik »Quick skill« (schnelles Lernen) oder in Abwandlung davon als Wortspiel »Quick kill« (schnelles Töten). Die Fußhaltung ist nebensächlich, doch nehmen versierte Schützen automatisch die Idealstellung ein. Als Ausgangs- oder Bereitschaftshaltung während des Vorgehens hat es sich bewährt, den Schaft an der Schulter zu lassen und die Mündung gegen den Boden zu richten, um im Bedarfsfall die Waffe durch Hochreißen auf das Ziel zu richten.

Maschinenpistolenschützen sind dazu übergegangen, den Schaft auf den rechten Brustmuskel aufzusetzen, um den Lauf direkt unter den Augen zu haben.

Diese Anschlagsweisen verdrängen in der Praxis mehr und mehr den Hüftschuß. Die Trefferergebnisse bei Ausgebildeten, die diesen instinktiven Schulteranschlag erlernten, sind ungleich höher als bei Hüftschußtechnikern. In verschiedenen Einheiten und Organisationen, in denen die Schußtechniken einer strengen Disziplin unterlie-

**Schulteranschlag.
Die Waffe sitzt auf dem rechten Brustmuskel und damit genau unter dem rechten Auge.**

gen, wird darauf geachtet, daß in fast allen Situationen im Schulteranschlag gefeuert wird. Der Hüftschuß bleibt lediglich gerechtfertigt beim Schießen in Räumen, Gängen und Schützengräben. Also immer da, wo die Schußentfernung unter 10 Metern liegt.

Für diese Eventualitäten sollten Langwaffenschützen lernen, in jeder Lage aus der Hüfte zu schießen, auch wenn sie ihren Körper nicht in der Idealstellung zum Ziel ausrichten können.

Beim Nahkampf im Busch oder im Häuserkampf wird der erste Schuß auf den plötzlich auftauchenden Gegner aus dem alten Hüftanschlag erfolgen, während die Beine noch in der normalen Marschrichtung und -haltung verharren. Der Schütze dreht nur einfach seinen Oberkörper in Richtung zum Ziel, den Schaft der Waffe mit dem rechten Ellenbogen in die Seite gepreßt, die linke Hand führt, und feuert. Für den Nachfolgeschuß oder den nächsten Feuerstoß wird er die Bein- und Fußstellung zum Ziel ausrichten, in den Combat-Crouch gehen und aus einem Anschlag der Waffe in Körpermitte schießen. Ein Trainingsparcour für diese Schießmöglichkeiten ist der »Ambush Trail«

Schuß aus dem Schritt nach links auf dem Ambush-Trail.

Körper schwingt nach zur Idealhaltung.

Ambush-Trail: Schuß aus dem Vorgehen nach rechts durch Körperdrehung in der Hüfte.

(Hinterhaltsweg), der in verschiedener Form zur Ausbildung von Spezialeinheiten in den USA, in Südafrika, Rhodesien und Südamerika gehört. Dabei geht der Schütze auf einem Pfad in einem dichtbewaldeten Gebiet vor, in dem in kurzen Entfernungen von oft weniger als 5 Metern Scheiben auftauchen, denen er mit schnellen Bewegungen aus der Hüfte zu begegnen hat. Einige dieser Ziele sind auch auf Bäumen, oberhalb des normalen Gesichtskreises, plaziert. Der Übende wird so angehalten, seinen Blick vom Unterholz bis in die Baumkuppen hin- und herstreifen zu lassen, während er auf dem Pfad nach Anzeichen von Tretfallen, Stolperdrähten und Verminung suchen muß. Es gibt eine Möglichkeit, mit Repetierwaffen aus dem Hüftanschlag fast so schnell wie mit einem Halbautomaten zu schießen. Diese Schießart wurde zum ersten Male von der 6. US-Marinedivision bei der Schlacht von Belleau Wood im I. Weltkrieg angewendet. Das so

Laden.

Schießen. Waffe ist die Short Magazine Lee Enfield Mark III, die für ihren schnellen Schloßgang berühmt ist.

Beim Führen der Waffe im Gelände kann der Riemen so um den linken Arm geführt werden, daß er beim Tragen in der Bereitschaft die Waffe gegen den Körper preßt...

... und beim Schießen den Anschlag unterstützt.

erzielte Schnellfeuer hatte eine verheerende Wirkung auf deutscher Seite: Der Kammerstengel wird von Daumen und Zeigefinger umfaßt und der Abzug mit dem abgespreizten Mittel- oder Ringfinger betätigt, wobei der Kolbenhals überhaupt nicht mehr berührt wird.

Die Griff- und Haltemöglichkeiten beim Schießen mit MPi, MG oder Sturmgewehr bedürfen einer besonderen Erläuterung, denn von der Haltung einer automatischen Waffe während des Feuerstoßes hängt die Trefferleistung nicht unwesentlich ab.

Bei Waffen mit karabiner- oder gewehrartiger Schäftung wird die linke Hand zumeist den Vorderschaft ergreifen, was bei diesem Waffentyp keine Schwierigkeit macht. Jedoch haben viele MPis statt des Vorderschaftes nur eine Laufummantelung und müssen dort erfaßt werden. Bei einigen Waffen läuft der Schütze Gefahr, mit dem Finger in die Auswurföffnung zu kommen (Sten). Daher hat es sich eingebürgert, das Magazin oder die Magazinhalterung zu umfassen. Während die erste Form bei vielen Konstruktionen zu baldigen Ladehemmungen führen wird, weil das Magazin oder dessen Halterung nicht für diese Aufgabe geschaffen wurden, ist die zweite Art durchaus zu empfehlen. Bei jedem Schießen mit automatischen Waffen sollte man aber den Waffengurt benutzen. Er muß so gespannt sein, daß er im Hüftanschlag den Lauf horizontal ruhen läßt und die linke Hand die Waffe

Die Sten kann am Laufmantel gefaßt werden (wobei das Magazin auf dem linken Handgelenk aufliegt)...

...oder um die Magazinhalterung. Sten-Mpis sollten nie am Magazin selbst gegriffen werden.

Spätere Versionen der Sten erhielten Pistolengriffe, wie hier bei der Mark 5.

nach unten ziehen kann, um dem Klettern der Mündung entgegenzuwirken. Die beste Form ist das Tragen des Riemens um den Hals, damit die Waffe ohne Verzögerung vom Hüft- in den Schulteranschlag geführt werden kann.

Ein sehr fester Griff am Vorderschaft ist bei all jenen Waffen nötig, die dort eine glatte Schäftung haben, wie z. B. die Walther, die Uzi MPi oder die Ingram. Die Finger der linken Hand müssen sich hier regelrecht verkrampfen, um einen festen Halt zu haben. Es ist unverständlich, warum die Konstrukteure hier nicht eine Ausbuchtung anbringen. Manchmal kann man den Riemen als zusätzliche Stütze um die Hand wickeln. Interessant ist in diesem Zusammenhang der Riemen der Ingram-MPi.

Konventioneller Hüftanschlag mit der Karl Gustav beim Vorgehen. Der Riemen ist um den Hals geführt und stabilisiert die Waffe beim Feuerstoß ...

... hindert jedoch nicht den sofortigen Schulteranschlag.

Das Trommelmagazin verhindert einen schnellen Schulteranschlag mit der linken Hand an der Laufmantelung.

Uzi im Feuerstoß. Man beachte die Fingerposition an der Vorderschäftung. Besser wäre hier ein vertikaler (Pistolen-)griff als Vorderschaft.

Hüftanschlag mit über den Rücken geführten Tragriemen: Die Waffe kann jetzt nicht in den Schulteranschlag gebracht werden, weil der Riemen hemmt. Diese Tragart wird oft von jenen durchgeführt, die die Hände frei haben müssen. Sie erlaubt den instinktiven Schuß auf kurze Entfernungen. Schütze drückt hier mit der Handfläche von oben auf das Sturmgewehr – jedoch wird der unverkleidete Gaskolben nach einigen Schüssen für diese Praxis zu heiß werden – die Schüsse aus dieser Position sind eine Notlösung.

Griffmöglichkeiten der Ingram.

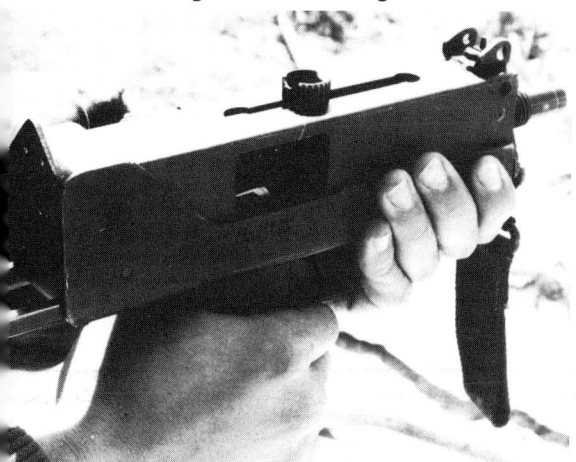

Beim Schuß mit dem LMG ist es durchaus praktisch, eines der Stützbeine als vertikalen Vordergriff zu verwenden.

Hüftschießen mit dem Maschinengewehr ist praktikabel und kommt nicht nur in John-Wayne Filmen vor. Der Trageriemen ist um die Schulter geführt, der Körper in einer weiten Vorlage. Viele Konstruktionen haben Gurtkästen für diese Form des Angriffsschießens, die an der Waffe eingehakt werden.

LADEN, SPANNEN, NACHLADEN – PROBLEME DER PRAXIS

Nachdem der angehende Combatschütze die Schußpositionen erlernt hat, sich mit der Funktionsweise seiner Waffe, mit der individuell besten Handhaltung vertraut gemacht hat und fleißig im »Trockentraining« Abzugskontrolle, Anschlag und das schnelle Einnehmen der Position geübt hat, stellen sich ihm neue Fragen: Wie kann man am schnellsten die Magazine wechseln oder die Trommel laden, wie soll er seine Waffe tragen, wie den Hahn spannen usw.? Für den Trommelrevolver gibt es, wie schon eingangs erwähnt, sogenannte Speed-Loader, Vorrichtungen, die die fünf oder sechs Patronen der Ladung entweder in Streifen oder Kreisform bereithalten, um sie in die Kammern abstreifen oder fallen zu lassen. Das Sortiment dieser Ladehilfen ist relativ groß, und es werden immer wieder neue Produkte auf den Markt gebracht. Es gibt Einweg- oder mehrfach benutzbare Modelle, Ladebretter, von denen man mit Hilfe des Loaders die Patronen abnehmen und in die Trommel laden kann, und Ladestreifen aus Plastik oder Aluminium. Magazinladende Waffen haben diese Probleme nicht. Vereinzelt sind zur Zeit Versuche im Gange, Militärwaffen mit Wegwerfmagazinen aus Plastik oder anderen billigeren Materialien zu erproben. Bisher hat sich aber diese Lösung, die eine fabrikmäßige Lieferung der Munition in Magazinen zur Folge hätte, noch nicht durchgesetzt, da die Magazine den harten Anforderungen des Militär-Alltags nicht gewachsen waren. Die Magazine sind als integraler Bestandteil der Waffe aufzufassen; ihnen gebührt die gleiche Pflege und Sorgfalt wie jedem anderen Waffenteil. Ein Großteil der Ladehemmungen läßt sich immer wieder auf schadhafte oder verschmutzte Magazine zurückführen. Hierzu muß erwähnt werden, daß leider viele Hersteller, die sonst sehr gute Qualität produzieren, den Clips nicht genug Beachtung zukommen lassen.
Ein hervorragendes Beispiel, wie ein Magazin, das als exponierter Teil Beschädigungen durch Stöße, Fall oder ähnlichem widerstehen kann, aussehen sollte, ist das AK-47-Magazin russischer Fertigung, dessen beachtenswertes Merkmal die verstärkten Magazin-Lippen sind, die eine störungslose Zuführung der Patronen garantieren.
Das Durchladen oder Spannen der Schußwaffe ist ein Thema, das in den entsprechenden Publikationen leider oft unberechtigterweise zu kurz kommt. Eine falsche Bewegung oder Unachtsamkeit kann zu ei-

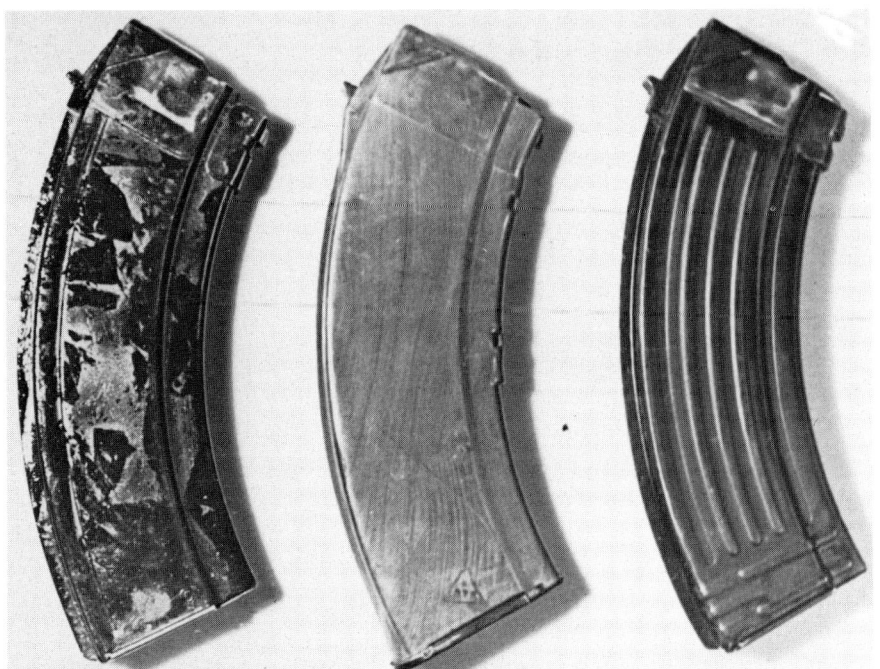

Magazine für den Kalatschnikow Mkb. Ein Beispiel für eine hervorragende, stabile Konstruktion, von links nach rechts: glattes Stahlblech (chinesisch?); aus Bakelit-Kunststoff, eine experimentelle Version; und aus Stahlblech mit gepreßten Längsrillen zur Verstärkung, russische Ausführung.

ner Ladehemmung führen oder sogar zu einem AD. Grundsätzlich sollte eine Waffe immer mit hochgerichtetem Lauf oder gegen den Boden gerichtet, durchgeladen werden (Revolver durch Spannen des Hahnes). Der Schütze sollte sich immer so verhalten, daß ein eventueller »losgehender« Schuß niemanden gefährdet. Waffenträger mit langjähriger Praxis neigen dazu, diese Vorsichtsmaßnahmen außer acht zu lassen. Beim Spannen und Entladen passieren häufig Unfälle und zwar nicht durch mechanisches, sondern durch menschliches Versagen. Zur Vermeidung solcher Unfälle sind folgende Regeln unbedingt zu beachten: Combat-Faustfeuerwaffen sollten mit einem Hammer versehen sein, der eine große Daumenfläche besitzt, um ein Abgleiten zu vermeiden. Der Hahn wird mit dem Daumen der rechten Hand gespannt, nicht mit der Handinnenfläche zwischen Daumen und Zeigefinger, wie das bei manchen »Helden« beobachtet werden kann. »Fanning« ist das Zurückreißen des Hahnes mit der linken Handkante bei SA-Revolvern. Als nostalgischen Spaß auf dem Schießstand mag

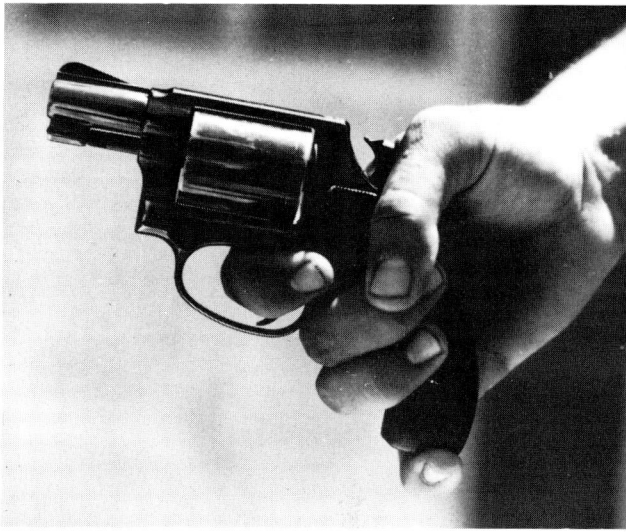

Entspannen eines Revolvers: Richtig.

Entspannen nach »Western-Helden« Art: Gefährlich für den Schützen und noch gefährlicher für seine Umwelt!

man das noch dulden, nicht jedoch beim modernen Combatschießen, bei dem diese Waffen sowieso deplaziert sind. Während des Spannens hat der Zeigefinger nichts auf dem Abzug zu suchen. Er sollte gegen den Abzugsbügel gelegt sein. Versierte Schützen erlauben sich, den Finger von innen gegen den Bügel zu drücken. Bei Neulingen muß aber darauf geachtet werden, daß der Finger, wenn nicht geschossen wird, stets außerhalb des Bügels bleibt. Das gilt für alle Waffenarten!

Beim Durchladen von Pistolen hält die linke Hand den Schlitten mit Daumen, Zeige- und Mittelfinger fest, die Mündung deutet auf den Boden unmittelbar vor die Füße des Schützen, und die rechte Hand stößt die Waffe herunter.

Bei keiner automatischen Waffe darf die Schließbewegung des Verschlusses von der linken Hand »begleitet« werden, d. h., die durchladende Hand läßt den Kammerstengel, den Verschlußhebel oder den Schlitten los, wenn er den hinteren Anschlag berührt. Die Schließbewegung wird allein durch die Kraft der komprimierten Hauptfeder getrieben. Ein »Mitfahren« der Hand behindert nur das Beschleunigungsmoment des Verschlusses und führt oft zu gefährlichen Ladehemmungen. Löst sich in diesem Augenblick ein Schuß, weil der Waffenträger den Finger am Abzug hatte, so kann der zurückschlagende Verschlußhebel empfindliche Verletzungen verursachen. Prellungen

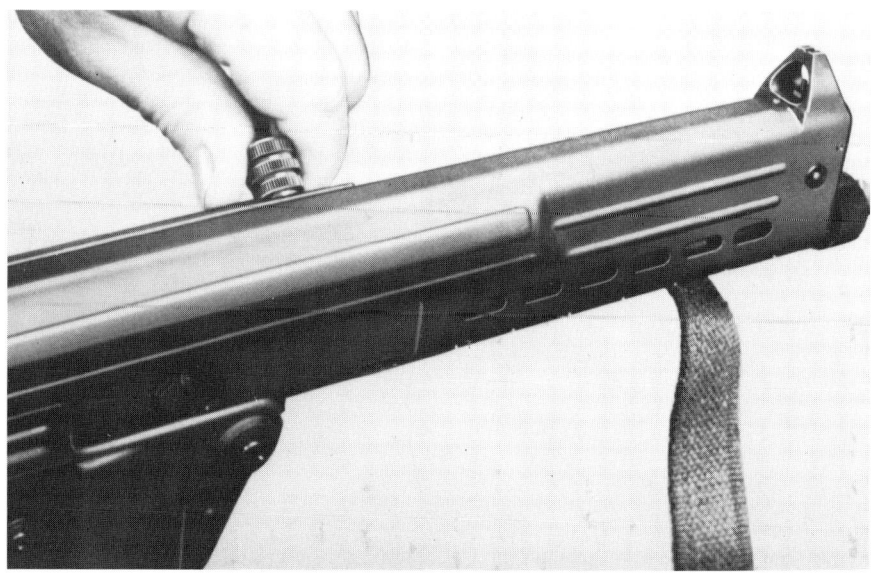

oder der Bruch von Fingern und Mittelhandknochen sind dabei die am häufigsten auftretenden Verletzungen. Besondere Sorgfalt sollte angewandt werden beim Spannen von Waffen mit zuschießendem Verschluß (MPis!): Es genügt nicht, die Waffe mit der hakenförmig gehaltenen Handkantenpartie durchzuladen, wie das bei Sturmgewehren und anderen Waffen noch zulässig ist. Daumen, Zeige- und Mittelfinger müssen den Verschlußhebel oder -knopf umschließen, um ein unbeabsichtigtes Auslösen des Schusses durch Abgleiten der Hand zu vermeiden.

Eine Reihe von geradezu unglaublichen Unfallen geschehen jedes Jahr beim Entladen oder Entspannen von Waffen, nur weil die Reihenfolge der Handgriffe nicht beachtet wird: Nach Entnahme des Magazins wird der Verschluß mehrmals hin- und hergeführt (bei MPis nur bis zum Anschlag einmal zurückgenommen), und dann wird via Verschlußöffnung das Patronenlager sowohl optisch als auch manuell durch Einführen des Fingers geprüft. Besonders in der Dunkelheit ist das letztere von besonderer Wichtigkeit!

In seinem Buch »Blue Target« über die New Yorker Polizei berichtet der amerikanische Journalist Robert Daley, daß selbst langjährige Polizeibeamte nicht wüßten oder vergessen hätten, wie man einen gespannten Revolver wieder entspannt.

Die amerikanischen Polizei-Akademien lehren hierzu eine »idiotensichere« Methode: der linke Daumen wird zwischen Rahmen und gespanntem Hammer gelegt und der Hammer wird mit dem rechten Daumen langsam weggezogen, während der rechte Daumen weiterhin das langsame Niederlegen des Hammers sichert. Die Betonung liegt auf »langsam«!

Das Problem des Nachladens von Magazinfeuerwaffen hat zu einer skurrilen Erscheinung geführt, die sogar noch in einigen Publikationen öffentlich propagiert wurde: Das Fallenlassen von Magazinen zwecks Zeitgewinnung! Gefördert wurde dieser Unsinn noch durch die »Combat-Schießwettkämpfe«, bei denen Punktejagd und Schießstandsituation noch andere falsche Verhaltensweisen hervorriefen. Wer im Ernstfall mit der ersten Magazinladung auf Nahentfernung keine Treffer erzielt hat, kann sowieso sein Testament machen. Statistiken zeigen, daß die meisten Feuergefechte in weniger als zwei Sekunden vorbei waren, und daß in den seltensten Fällen eine zweite »Ration« verschossen wurde. Nur bei Gefechten über 10 Meter wird die Zahl der abgegebenen Schüsse größer und nimmt mit zunehmender Entfernung noch zu. Wer dann nicht in Deckung ist, ist selber schuld. Waffen werden grundsätzlich nur in der Deckung nachgeladen. »Combatspezialisten« aber stehen aufrecht auf dem Schießstand, lassen das leere Magazin auf den Boden purzeln, schlagen das Volle in die Waffe und schießen. Sie heben nach dem Durchgang ihre Magazine mit stolzem Lächeln vom Boden auf und fragen nach der gestoppten Zeit. Da kann man nur noch sagen: Ade, du schöne Welt! Der letzte, den ich kannte, der diese Praktik im Ernstfall benutzte, hinterließ Frau und Kinder ...

Das Nachladen von Magazinwaffen (auch MPis, Sturmgewehren, etc.) erfolgt, indem das volle Magazin aus der Tasche mit Zeige- und Mittelfinger entnommen wird. Mit dem vollen Magazin (Clip) zwischen diesen Fingern wird das leere, aus der Waffe gleitend, mit Ring- und kleinem Finger festgehalten. Durch eine leichte Drehung der Hand wird das volle Magazin eingeführt, mit dem Ballen des Daumens (der »Maus«) vollends in die Halterung gedrückt und mit einem kurzen Schlag auf seinen sicheren Sitz geprüft. Der Daumen der rechten Hand löst jetzt die Verschlußsperre aus. Die Federkraft treibt den Verschluß vorwärts und lädt die Schußwaffe. Das leere Magazin wird in die Clip- oder Jackentasche gesteckt oder, sollte dazu keine Zeit sein, vorn in den Halsausschnitt des Hemdes. So ist es vor Verlust oder Beschädigung durch das Fallenlassen im Gelände gesichert. Zu dieser Methode gehört allerdings etwas Übung und Fingerfertigkeit. Bei Pi-

Entnahme des leeren Magazins.

Einführen des vollen Clips.

Einpressen oder »Festschlagen« des Clips.

Lösen des Verschlußfanghebels.

stolen ist es angebracht, die Clip-Taschen mit der Öffnung nach unten zu tragen, damit das Magazin beim Öffnen sofort in die Hand fällt. Um die Patronenmenge zu erhöhen, die bei der Patrouille oder im Angriff an der Waffe geführt wird, haben MPi- und StGw-Schützen seit langem alles mögliche versucht, um zwei Magazine miteinander zu verbinden. Das geschah meistens, indem die Clips durch Klebestreifen so aneinandergeheftet wurde, daß je eine Ladeöffnung unten und oben war, und der Wechsel durch Umdrehen der Kombination erfolgte. Einige Fabrikanten brachten Metallhalterungen heraus, die diese Verbindung anstelle der Klebestreifen übernahmen. Der Nachteil dieses Systems war aber, daß eine Magazinöffnung immer dem Boden zugerichtet war und daher bei der liegenden Schießposition verschmutzt wurde. Bei den meisten modernen Selbstladewaffen ist es jedoch möglich, die Magazine mit einem kleinen Zwischenraum versetzt nebeneinander anzuordnen. Die Befestigung der abgebildeten AK-Mag-Kombination erfolgte durch das Anlöten kleiner Metallstreifen. Noch ein Hinweis zum Nachladen von Magazinen: oft genug bieten die Magazinfedern zweireihiger Clips nach Aufnahme von zwei Dritteln der Munition so viel Widerstand, daß die Fingerkraft nicht ausreicht weitere Patronen hineinzudrücken. Durch einen kleinen Trick kann man sich die Massenträgheit der im Clip befindlichen Patronen zunutze machen. Man plaziert die zu ladende Patrone auf die Öffnung

Verbindung von zwei AK-Clips durch Metallhalterung.

Kombination mit Zwischenraum. **Die AK-Magazinkombination (60 Schuß) an der Waffe.**

und drückt leicht mit dem Daumen dagegen, während die übrigen Finger das Magazin umschließen und es mit dem Magazinboden auf das Knie oder eine feste Unterlage stoßen. Durch den senkrechten Schlag drückt die gesamte Masse der schon im Clip befindlichen Patronen die Feder zusammen und die noch zu ladende Patrone gleitet leichter in das Magazin. Außerdem gibt es sogenannte Magazinladegeräte, aber diese besitzen leider die Eigenschaft, daß man sie nie zur Hand hat, wenn man sie braucht.

Der potentielle Käufer einer Waffe sollte die Magazine, ihre Haltevorrichtungen und das störungsfreie Herausgleiten von leeren (!) Clips aus der Waffe vor dem Kauf kontrollieren und erst dann wählen. Einige an sich gute Waffenmodelle leiden unter schlechten Magazinen und sind deshalb bei sonst guter Funktion störanfällig. Ist die Reibung

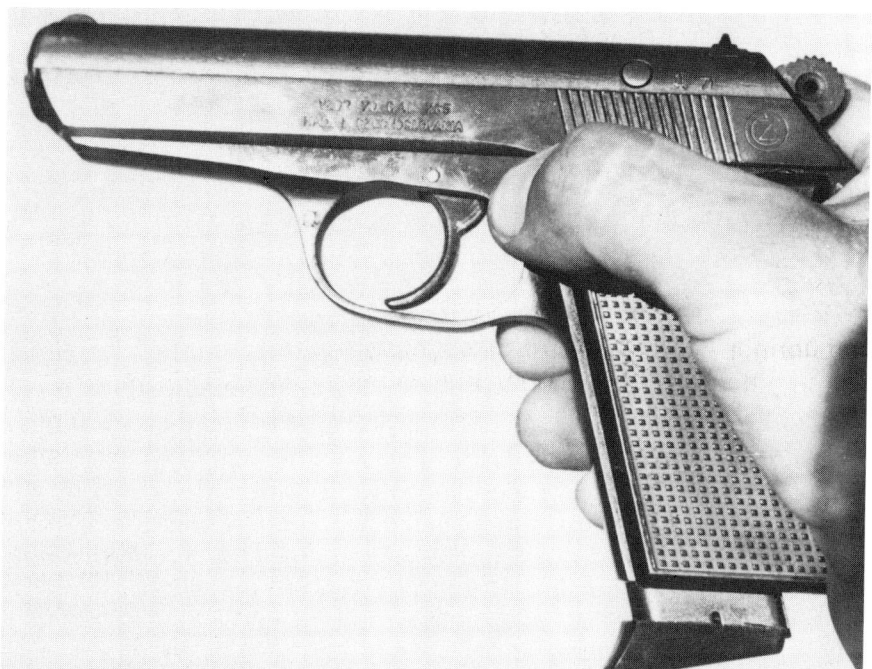

Magazinhalterung bei einer Vzor 70 – Der Clip muß aus der Waffe gezogen werden, er fällt nicht durch sein Eigengewicht. Ein weiteres Minus an dieser qualitativ unbefriedigenden Waffe.

beim Entfernen eines Magazins zu groß, so hilft manchmal ein Polieren der Magazine oder der Schaftinnenseite.
Es ist außerdem ratsam, volle Magazine nie längere Zeit zu lagern, da sonst die Magazinfeder erlahmen kann. Zwei bis drei Patronen weniger schonen die Magazinfeder. Eine zu schwache Magazinfeder, die die Patronen nicht kräftig genug gegen die Lippen drückt, kann Ladehemmungen verursachen. In regelmäßigen Abständen sollten die Magazine auch zerlegt und vollständig gereinigt werden. Die Innenseite ist eine besonders anfällige Stelle für Verschmutzungen durch Staub, Sand oder Rost. Innenseite und Magazinfeder des Clips sollen stets leicht eingefettet oder geölt sein. Die Putz- und Ölleidenschaft darf sich aber nicht auf die Patronen ausdehnen. Ich kannte Schützen, die badeten ihre geladenen Magazine in einer Öl-Benzin-Mischung und wunderten sich dann, warum es so viele Munitionsversager gab. Die Anzahl der am Körper mitgeführten Munitionsmenge richtet sich je nach Aufgabe und Charakter des Schützen: Während in der Stadt

selten mehr als drei Magazine bzw. Trommelladungen gebraucht werden, ist dieses im offenen Gelände durchaus möglich. Ich selbst habe mich immer erst mit fünf Pistolenmagazinen wohlgefühlt, als MPi-Schütze mit 10 Magazinen à 25 Schuß, und mit dem AK 47 ließen sich bequem 8 Magazine transportieren. Waffen mit dem Kaliber .223 erlauben durchaus bis zu 400 Schuß, ohne den Schützen zu belasten. Eine gute Anordnung der Koppelausrüstung ist natürlich Voraussetzung dafür.

Aus eigener Erfahrung kann ich auch bestätigen, daß es im Bereich des Möglichen liegt, 800 Schuß MG-Munition (7,62 Nato) nebst MG und übriger Ausrüstung auf Gewaltmärschen mitzuführen, wenn die Lasten gut verteilt sind. 500 Schuß werden zusammengekettet ohne Munitionskästen in einem mit Karton verstärkten Rucksack getragen, 250 Patronen in 50er Ketten in Gürteltaschen; 50 Schuß an der Waffe, die durch Haken mit den Trageriemen des Rucksackes verbunden ist, um das Gewicht auszugleichen. Bei einem Eigengewicht von 75 kg waren das ca. 35 kg Waffen- und Munitionsgewicht, mit denen man sich noch relativ bequem und schnell bewegen konnte.

TRAGEN UND BEREITSCHAFT VON WAFFEN

Wie soll man eine Waffe mit sich führen?

I. Teilgeladen, d. h. Patronenlager leer, gefülltes Magazin im Griff, ungespannt. Beim Revolver wäre die Kammer vor dem Lauf leer.

II. Geladen, d. h. Waffe durchgeladen und entspannt, entspricht dem Revolver mit allen geladenen Kammern.

III. Gespannt, d. h. Waffe durchgeladen, gesichert und der Hammer in der rückwärtigen Stellung.

Es gibt Menschen, die beim bloßen Anblick einer Schußwaffe eine Angstvorstellung bekommen. Jedoch ist eine solche Waffe lediglich ein Stück Metall, solange sie nicht die dafür bestimmte Munition enthält. Erst dann wird sie zu dem bedrohlichen Gerät, das mit gebührendem Respekt zu behandeln ist.

Entsichern einer gespannten US-Colt Dienstpistole.

Vorstehend sind die drei Möglichkeiten angeführt, wie man eine Schußwaffe tragen kann. Die Meinungen, welches der praktischste, schnellste, ungefährlichste oder zuverlässigste Zustand ist, sind genauso vielschichtig und polemisch wie die Frage nach Pistole oder Revolver. Es gibt Träger, die bei jeder der obengenannten Situationen noch die Sicherung betätigen. Bei plötzlicher Notwehr wäre das Entsichern aber ein verzögerndes Moment, obwohl beim Tragen das Sichern nur in dem II. oder III. Fall berechtigt ist. Wird eine Waffe abgelegt, so sollte sie entladen und gesichert werden, um allen Eventualitäten vorzubeugen.
Punkt II ist der Zustand, in denen Revolver im allgemeinen geführt werden. Aufgrund des Mechanismus ist ein AD so gut wie ausgeschlossen. Tests haben ergeben, daß selbst bei Fallhöhen von 150 cm keine Schußauslösung erfolgt (Markenrevolver).
Möglichkeit I. und III. sind die Arten, in der Langwaffen gewöhnlich geführt werden, wobei das Durchladen immer erst unmittelbar vor der Feindberührung erfolgen sollte, die Waffe aber noch zu sichern ist, wenn nicht sofort eine Schußabgabe bevorsteht. Bei gewissen Waffen ist es vorteilhafter, nicht durchzuladen und zu sichern, weil die Sicherung zu unhandlich ist oder zum Verklemmen neigt (z. B. AK 47). Statt dessen sollte man im Zustand I. die Waffe erst kurz vor dem Schuß

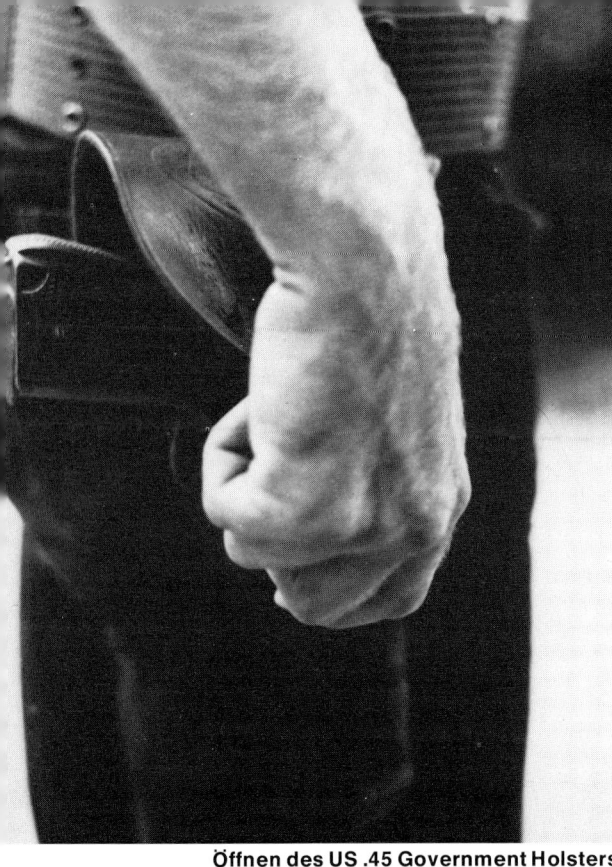
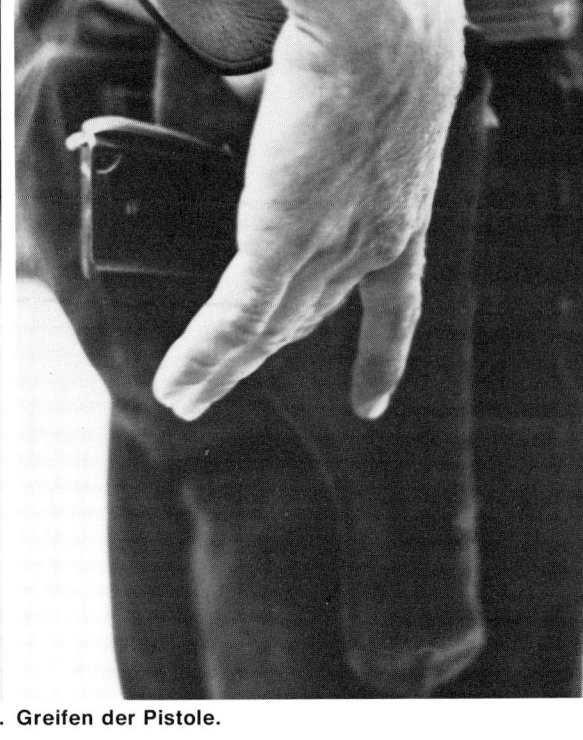

Öffnen des US .45 Government Holsters. Greifen der Pistole.

Halbes Herausziehen und rechts Auswärtsdrehen der Waffe. Energisches Herunterstoßen der Waffe.

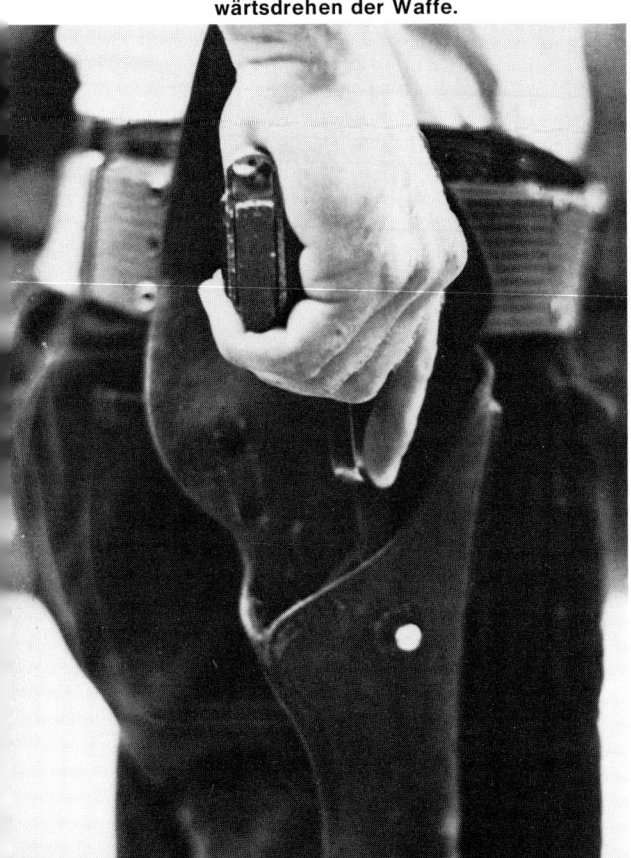
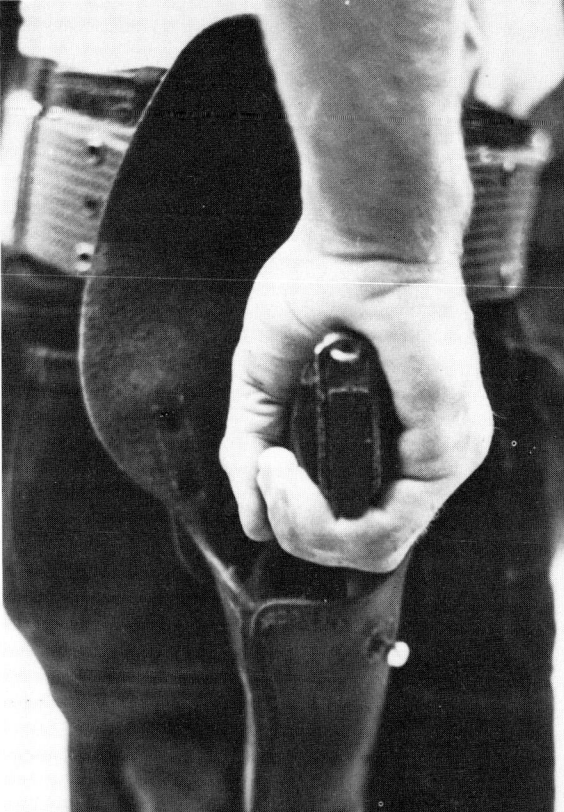

Die Pistole ist gespannt.

durchladen. Oft ist die Durchladebewegung unkomplizierter als das Entsichern.

Maschinenpistolen sollten in dieser Form geführt werden, da sie besonders leicht ADs auslösen können. Das Magazin sollte sich nur während des Einsatzes in der Waffe befinden, zum bloßen Transport die Waffe im teilgeladenen Zustand zu tragen, ist äußerst gefährlich! Die wirkliche Kontroverse um Schußbereitschaft und Trageweise entwickelt sich bei der Pistole, wobei die Selbstladepistole mit DA-Abzug davon ausgeschlossen ist; im Zustand II. erfüllt sie alle Anforderungen an eine schnelle Combatwaffe.

Problematisch sind die Pistolen mit SA-Abzug, bei denen vorher der Hahn gespannt werden muß, wenn die Waffe nach II. getragen wird. Es wird behauptet, und oft kann dies auch durch viel Fingerfertigkeit bewiesen werden, daß das Durchladen genauso viel Zeit in Anspruch nimmt, wie das Hahnspannen, aber ungefährlicher ist, da keine Patrone im Lauf geführt wird. Dieses Argument hat Gewicht bei kleinen Taschenpistolen, deren Hahn sich leichter verfangen und damit einen Schuß auslösen kann. Browning-Pistolen wie die FN-High Power oder

.45 Colt Government können aus der Position I im Diensthalfter der US-Armee durch den »Stucktrick« durchgeladen werden, wie es in der Bilderserie augenscheinlich gemacht wird.

Jedoch bedarf es zum Durchladen immer der linken Hand, und diese ist oft nicht »abkömmlich«. Deshalb ist die in II. beschriebene Art eine Pistole zu führen, in Hinsicht auf Schußbereitschaft weitaus besser – jedoch nicht ganz ungefährlich für den Träger: ein Schlag auf den Hammer kann unter Umständen den Schuß auslösen, besonders dann, wenn die half-cock Nut sich im Laufe der Zeit abgenutzt hat. Dieses Nut arretiert zwar den Hammer in hinterer Stellung, jedoch kann selbst dann beim Durchfallen des Hammers ein AD ausgelöst werden, wenn das Zündhütchen etwas empfindlicher ist. Um diese Möglichkeit auszuschließen, wurde von einer amerikanischen Firma ein kleiner Keil mit einer Feder entwickelt, der zwischen Hammer und Schlagbolzen sitzt und beim Spannen durch die Feder aus der Waffe herausgeschnellt wird. Der Hahn kann vor unbeabsichtigtem Spannen (an einer Tür, beim Ein- oder Aussteigen aus Fahrzeugen ect.) durch die Holsterschlaufe geschützt werden.

Die Holsterschlaufe wird auch für die III. Möglichkeit als äußere Sicherung Verwendung finden, zusätzlich zur Waffensicherung. Ich halte die unter III. beschriebene Trageweise für nicht ungefährlich, vor al-

Holster mit Colt .45 M 1911, Zustand III.

Holsterriemen als zusätzliche Sicherung, Zustand II.

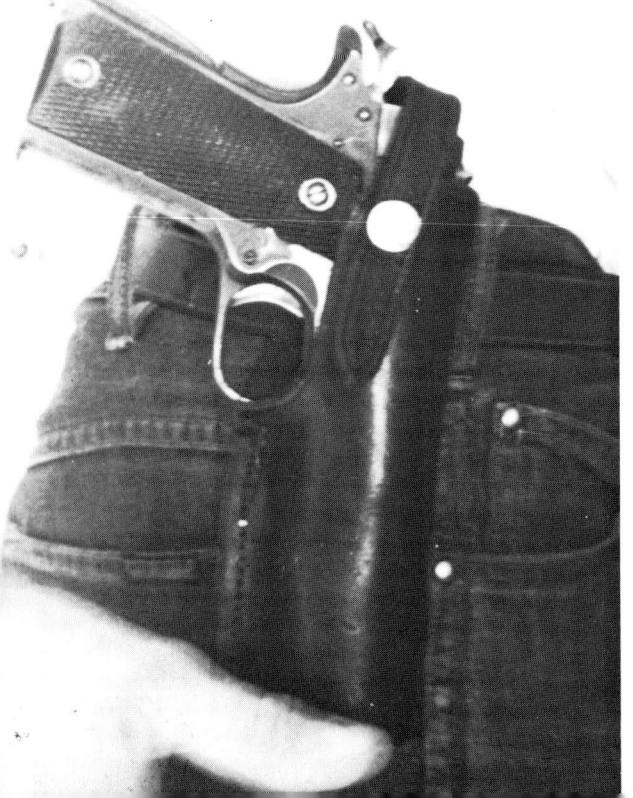

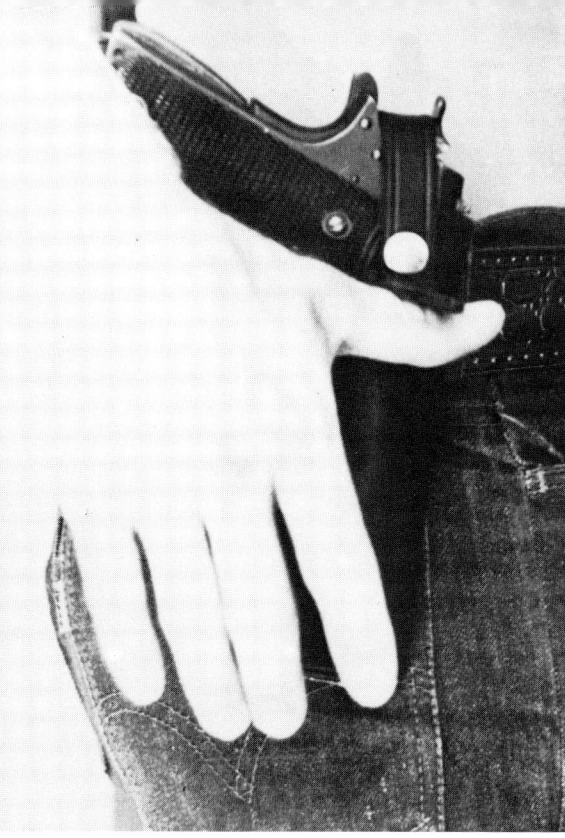
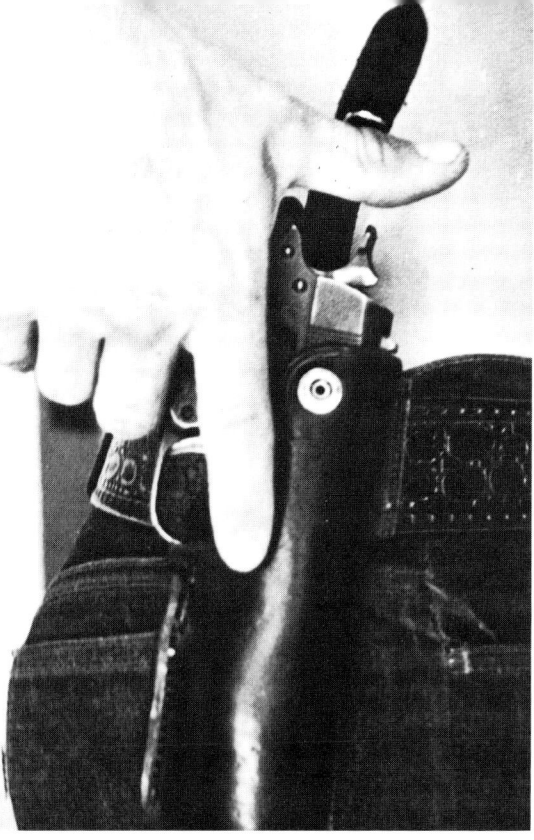

Ziehen der .45 Pistole und Spannen aus einem Bianchi Holster — eine einzige Aufwärtsbewegung. Der Zeigefinger kommt nicht in Kontakt mit dem Abzug bis die Waffe auf das Ziel gerichtet ist.

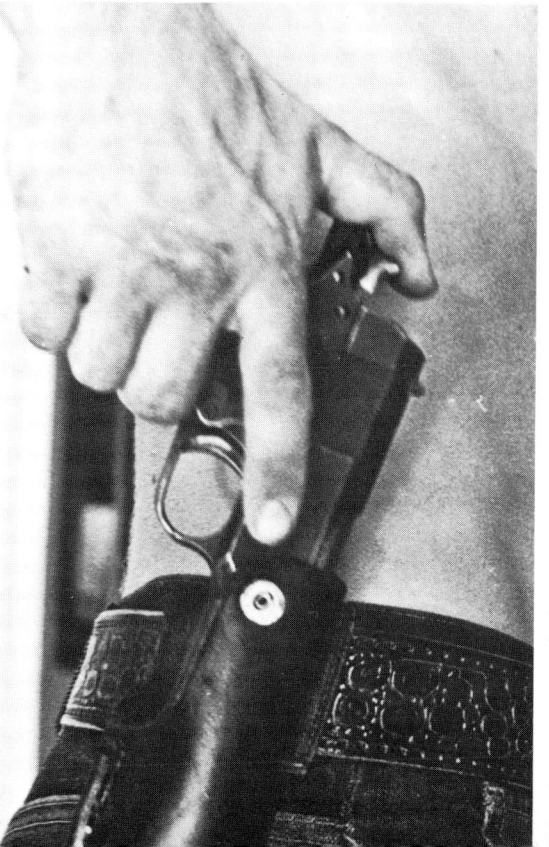
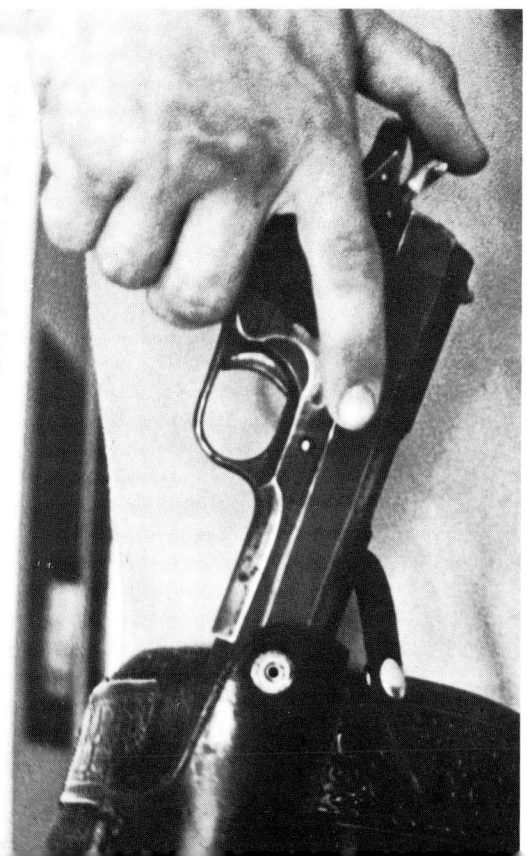

lem bei Waffen ohne Griffstücksicherung, weil ich persönlich erleben mußte, daß Sicherungen durch die Reibung an Holster-Innenwand, Kleidung oder Körper um jenen winzigen Winkel verschoben werden können, der ein Auslösen des Mechanismus erlaubt. Jedoch können Holsterriemen oder -schlaufe hier die notwendige zusätzliche Sicherung bieten. Persönlich würde ich diese Tragweise aber nicht empfehlen.

Der Schütze sollte sich mit Lade-, Durch- und Entladeverfahren an seiner Waffe vertraut machen und die Zieh- und Spannbewegungen im Trockentraining unter Verwendung von Manöverpatronen oder leeren Hülsen üben, bevor er auf den Schießstand tritt.

Das gleiche gilt für die verschiedenen Anschläge, die man vor einem Spiegel kontrollieren kann, um eventuelle Fehler zu korrigieren.

HOLSTER UND TRAGEWEISE VON FAUSTFEUERWAFFEN

Über die Misere deutscher Dienstholster und deren tödliche Folgen für die Waffenträger ist schon genug geschrieben worden, als daß

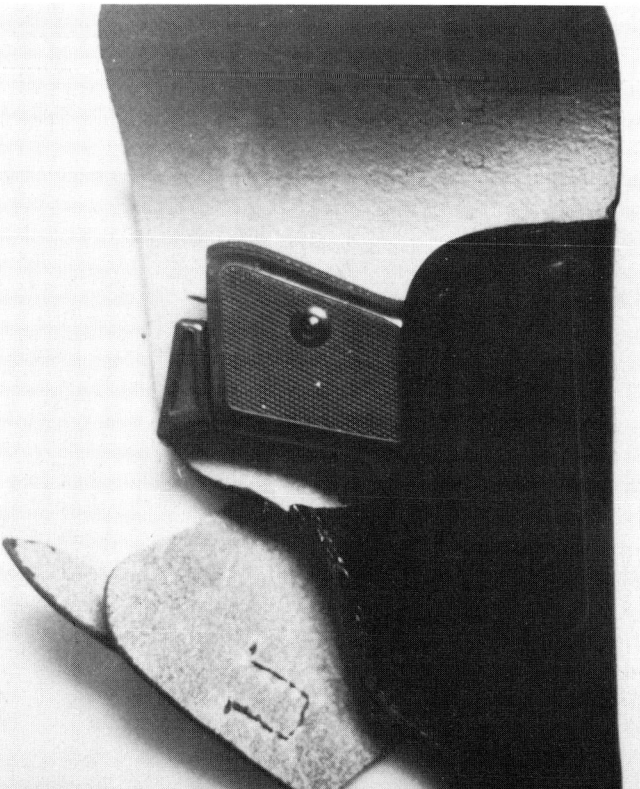

Polizeidienstholster für die Walther PPk. Holster und Waffe sollten im Polizeidienst nichts zu suchen haben.

man an dieser Stelle noch einmal über diese Fehlleistung der Behörden herziehen müßte.

Es soll auch nicht eine ideale Trageweise propagiert werden oder für die Erzeugnisse irgend einer Firma geworben werden; wie und womit man seine Pistolen oder Revolver trägt, wird genauso der individuellen Auswahl und der persönlichen Notwendigkeiten anheimgestellt wie die Frage der besten Waffe.

Es soll hier lediglich die Vielzahl der verschiedenen Holster und der damit zusammenhängenden Trageweise zur Sprache kommen; von wunderbaren Schnellziehrekorden und anderen Legenden wird bewußt Abstand genommen. Wie schnell ein Schütze eine Waffe ziehen kann, hängt neben dem Holster von so vielen Faktoren wie Armlänge, Körperbau, Gewicht der Waffe, etc. ab, daß die entstehenden Werte am Ende so verschieden sind wie die Trefferergebnisse im Sportschießen.

Dienstholster – Unter diesem Begriff möchte ich die Holster zusammenfassen, die frei sichtbar am Gürtel getragen werden. Die Anforderungen, die an ein solches Dienstholster zu stellen sind, heißen: Sicherheit vor Verlust, vor dem Zugriff Unbefugter, relativer Schutz der Waffe vor Beschädigung und Verschmutzung und schnelles Ziehen. Bei den offen getragenen Holstern gibt es solche, die die ganze Waffe schützend mit einem »Deckel« schließen und jene, wie sie allgemein von amerikanischen Polizisten getragen werden, die die Waffe durch

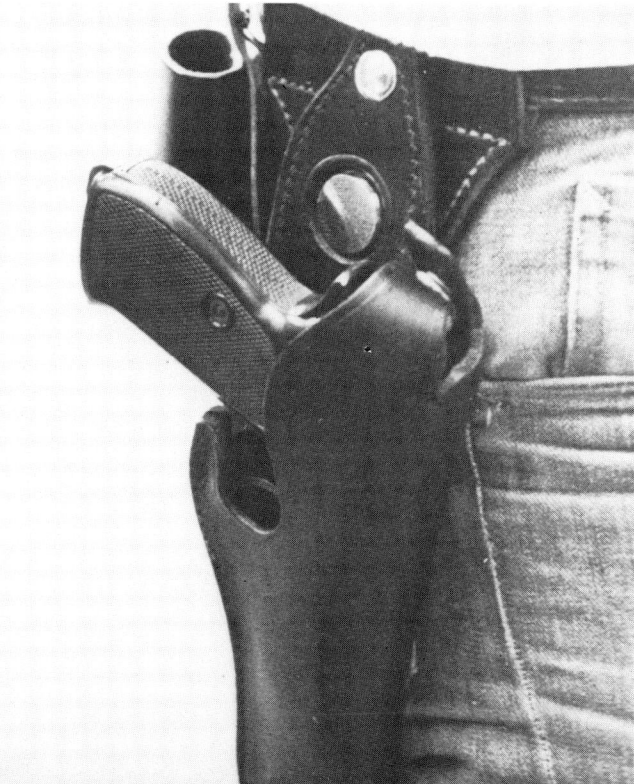

Gutes Schnellzieh-Dienstholster für die P38, drehbar gelagert.

einen Sicherungsriemen mit Druckknopf festhalten. Die Modelle der meisten Firmen (Safariland, Buchheimer, Federal Man, Bianchi etc.) bestehen aus einem Oberteil, einem metallverstärkten Träger, der die Gürtelschlaufe bildet und der eigentlichen Tasche, die oft drehbar gelagert, der Aufnahme der Waffe dient. Ein solches Holster wird an der rechten Hüfte geführt, wobei die Waffe sehr tief, ungefähr mit dem Griff in Höhe des Handgelenks hängen sollte. Diese Holster – nicht unähnlich den Wildwest-Holstern – erlauben einen schnellen, unmittelbaren Zugriff. Beim Betreten von verdächtigen Häusern oder in Erwartung eines Angriffs erlaubt ein leichter Druck mit dem Daumen das vorsorgliche Öffnen des Sicherungsriemens, der entweder in Körpernähe, d. h. auf der linken Seite des Holsters sitzt oder an der Außenseite rechts. Bei der ersten Version wird eine Fingerbewegung von oben nach unten zwischen Waffe und Holster ausgeführt, um beim Zugriff den Knopf zu öffnen. Bei der zweiten Version genügt eine Aufwärtsbewegung der Hand am Holster entlang, um den Riemen aufspringen zu lassen. Einige Modelle haben anstatt des Riemens eine Kappe, die den herausstehenden Teil der Waffe, mit Ausnahme des Griffes, überdeckt.

Holster mit Drehvorrichtung sind beim Sitzen und Fahren von Vorteil. Eine einfache Konstruktion, die ein schnelles Ziehen erlaubt, und mit der ich persönlich gute Erfahrungen gemachte habe, ist das alte US-Holster für die Colt .45. Es wird mit einem Haken an der Lochkoppel befestigt und besitzt einen Lederriehmen, um es gegen den Oberschenkel zu schnüren. Nach kurzer Gebrauchszeit sind diese Holster so geschmeidig, daß ein bloßes Zwischenschieben von Daumen oder Finger zwischen Holster und Verschlußdeckel diesen aufspringen läßt.

Die zweite große Gruppe der Dienstholster sind jene Pistolentaschen, die direkt am Gürtel sitzen, entweder auf der linken Seite zum Überkreuz-Ziehen (Cross-Draw) oder an der rechten Hüfte, was allerdings ein starkes Einwinkeln des Schußarmes erfordert. Diese Form hat den Vorteil, daß sie beim Fahren nicht aufsitzt und beim Laufen nicht gegen das Bein schlägt. Mehrere Staaten sind zu dem lange Zeit verpönten Cross-Draw-Holster zurückgekehrt, weil es in Verbindung mit Schulterriemen einen optimalen Sitz der Waffe während des Fahrens und auch beim gleichzeitigen Ziehen gewährleistet. Ein Holster im Cross-Draw-Stil erlaubt außerdem, die Pistole oder den Revolver mit der linken Hand zu ziehen oder, wenn nötig, mit der linken Hand vor unbefugtem Zugriff während eines Handgemenges zu schützen. Gerade die Entwicklung überschneller Holster hat mehrere spektakuläre Fälle in den USA verursacht, wo Polizisten durch ihre eigenen Waffen getötet wurden. Problematischer ist das verdeckte Tragen von Faustfeuerwaffen.

Die Gürtelholster für diese Form sind oft schmaler gehalten. Verschiedene Versionen verzichten auf Sicherungsriemen oder Kappe, statt dessen halten eingearbeitete Metallfedern oder engste Lederpaßform die Waffe fest. Die Modelle sind zahlreich und gehen vom Holster mit Halteklammer, daß ein gurtloses Tragen der Hose erlaubt, bis hin zur Lederschlaufe, die lediglich die Waffe an der Hüfte hält. Erfahrungsgemäß trägt die Cross-Draw-Trageweise weniger unter der Jacke auf und ist bequemer im Griff und Sitz.

Die Vervollkommnung dieser Version ist im *Semi-Schulterholster* erreicht, bei dem eine metallverstärkte Konstruktion die Waffe in halbe Brusthöhe hebt, ohne den Schützen mit den Riemen der sonst so einengenden Schulterholster zu behindern.

Diese Schulterholster sind, obwohl sehr gebräuchlich, doch nicht so universell verwendbar, wie es auf den ersten Blick erscheint. Sie können recht störend wirken und erfordern viel Gelenkigkeit, um schnell an die Waffe zu kommen.

Bianchi-Polizeiholster Mod. 27 (Front-Break)! Die Waffe wird nach Lösen des Sicherheitsriemens nach vorn aus dem Holster gerissen. Daneben Taschen für 4 Speedloader.

US-Armee-Schulterholster, mehr ein Brustholster, das es gestattet, die Pistole über oder unter der Kampfjacke zu tragen. Links die Magazintasche.

Aus der Notwendigkeit heraus, Holster und Waffe noch unsichtbarer zu gestalten, insbesondere dann, wenn wegen der klimatischen Bedingungen kein Jackett getragen wird, entstand das *Inside-Holster,* das zwischen Hosenbund und Körper geschoben wird. Eine Lederschlaufe oder ein Metallclip verhindern, daß das Holster in die Hose rutscht. Von dieser Version, die auch mit Vorliebe über Kreuz getragen wird, ist das Modell mit Schlaufe vorzuziehen, weil bei erlahmender Metallklammer oft Waffe und Holster zugleich aus der Hose gerissen werden können.

Amerikanische Sky-Marshals benutzen für diese Trageweise überhaupt kein Holster mehr: Die rechte Griffschale ihrer kurzläufigen Revolver wurde so gebildet, daß ein schlitzartiger Zwischenraum zwischen Rahmen und Griffschale entsteht, an dem die Waffe im Hosenbund eingehakt wird. Viele dieser Beamten, die oft nur in Hemdsärmeln arbeiten, pflegen die Kreuz-Trageweise: dabei wird die Waffe so weit nach hinten vor die Nierengegend geschoben, daß sie bei einer geraden Körperhaltung überhaupt nicht aufträgt. Zwei verschiedene Versionen dieser Art sind gebräuchlich, die normale, bei der der Waffenknauf nach links zeigt (bei Rechtshändern) und die zweite, bei der er in Richtung auf die Ziehhand zeigt. Die letztere, etwas extravagante Form ist für Ungeübte nicht ungefährlich: beim Ziehen muß die Mündung über die ganze mittlere Breite des Körpers geführt werden.

Zur Problematik um die Wahl des Holsters kommt noch ein ernst zu nehmender Hinweis: Mit dem »Siegeszug des Combatschießens« kam es auf den Schießständen zu einigen ADs, die teilweise auch Verletzungen zur Folge hatten. Man hatte sich »schnelle« Holster gekauft und zog und übte wie dereinst Billy the Kid, bevor er seine Berühmtheit erlangt hatte, und plötzlich machte es »peng!«, und ein Geschoß hatte den Oberschenkel oder das Hinterteil angekratzt. Schuld daran war meist neben dem Übereifer auch das Holster, das einen freien Zugriff zum Abzugsbügel erlaubt, solange die Waffe noch darin steckt. Holster sollten nach dem Gesichtspunkt konzipiert sein, daß sie den Abzug verdecken und den Hahn vor ungewolltem Spannen schützen.

Anzahl und Formen der Holster sind kaum zu zählen. Ständig werden neue und verbesserte Modelle von Holstern auf den Markt gebracht. Einige Hersteller benutzen heute andere Materialien als das traditionelle Leder. Einige recht brauchbare Konstruktionen aus Metall oder Plastik werden zur Zeit angeboten. Um die Eigenschaften eines Holsters voll auszunutzen, darf nur die zugehörige Waffe darin getragen werden. Jede gute Konstruktion ist nur für *einen* Waffentyp konzipiert. Die oft zu beobachtende, »geldsparende« Angewohnheit, ein Holster für mehrere verschiedene Waffen zu benutzen, führt über kurz oder lang zu einer Verformung und damit Verlust der wesentlichsten Eigenschaften, der Paßform, die die Waffe vor dem Herausfallen und dem schlechten Sitz schützen soll.

Für Taschenpistolen und »Snubnose«-Revolver wurde immer wieder eine ganze Reihe von nicht selten kurios zu nennenden Tragevorrichtungen entworfen, die ein verdecktes bzw. verstecktes Führen dieser Waffen erlauben soll. Die bekannteste und gebräuchlichste ist das Waden- oder Knöchel(Ankle)holster, das am linken oder rechten Unterschenkel befestigt wird und das bei einer entsprechend weit ausgestellten Hose die Waffe völlig verbirgt. Andere halten Pistolen oder Derringer im Büstenhalter, am Unterarm oder hinter dem Hosenschlitz fest. Alle diese Entwürfe zielen lediglich darauf hinaus, die Waffe zu verstecken; ihre Zweckmäßigkeit im alltäglichen Gebrauch ist zweifelhaft.

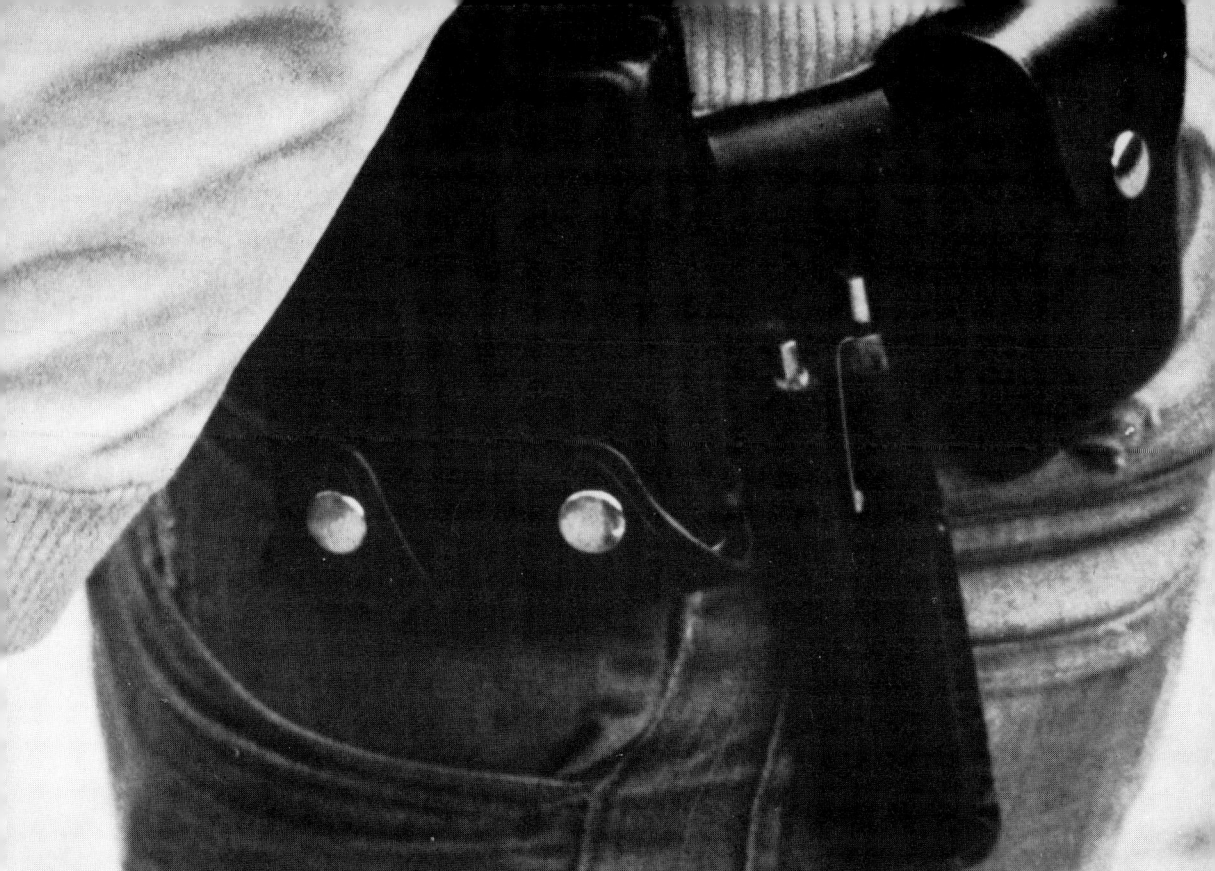
Magazintasche für zwei Clips, daneben Futteral für Schreibgerät und Handschellen.

Für die Reservemunition, gleich ob in Form von Magazinen, Ladestreifen oder losen Patronen gibt es jedenfalls eine Reihe von Taschen im Englischen als »pouches« bezeichnet, die am Gürtel getragen werden. Geschlossene Taschen für Magazine oder Ladestreifen sollten mit der Öffnung nach unten getragen werden, so daß ihr Inhalt beim Öffnen in die Hand gleiten kann. Die offenen Modelle dagegen, die die Magazine durch Friktion halten und diese zu einem Drittel für den Zugriff der Finger freihalten, sollten mit der Öffnung nach oben getragen werden. Runde Speedloader sind für das verdeckte Tragen aufgrund ihrer auftragenden Form nicht geeignet. Jedoch können sie an Dienstgürteln mit Hilfe von Pouches geführt werden, ohne zu stören. Patronengurte, wie sie bei Western-Modellen wegen ihres dekorativen Wertes so beliebt sind, eignen sich überhaupt nicht für das Combatschießen.

Sie schützen die Patronen nicht und behindern den Schützen auch beim schnellen Nachladen. Bei einigen Dienstholstern aufgesetzt, dienen sie als »eiserne Reserve« und üben durch ihre Zurschaustellung einen gewissen psychologischen Einfluß aus – sie lassen den Träger aggressiv und abwehrbereit erscheinen.

Es ist unsinnig, zum Training oder für den Wettkampf mit einem Holster oder einem Gürtel-Arrangement anzutreten, daß man nicht im Alltag gebraucht. Jedes Üben, ob Trockentraining oder scharfes Schießen, muß mit der Ausrüstung durchgeführt werden, die man in einem Notfall bei sich hat. Combatschießen ist eine Vorbereitung auf den Notfall, keine olympische Disziplin.

Militärische Organisationen und Spezialtruppen führen an ihren durch Tragriemen unterstützten Dienstgürteln die gesamte Ausrüstung mit sich, die sie für die Erfüllung ihres besonderen Auftrags benötigen. Um eine Behinderung des Trägers zu vermeiden, ist es notwendig, die verschiedenen Teile so anzuordnen, daß sie, auch in der Bewegung, fest am Gurt sitzen.

Die vorhandenen Schlaufen und Haken erfüllen diese Bedingung nicht ausreichend. Es kann aber Abhilfe geschaffen werden, indem man die einzelnen Elemente, wie Magazintaschen, Feldflaschenhülle, Verbandstasche, Handgranatenpouch etc., mit einer stabilen Schnur (Schnürsenkel) am Gurt festgenäht: Im Gurt sowie an den Taschenseiten werden Löcher durch das Material (Segeltuch) gestoßen und die Taschen untereinander und mit dem Gurt verschnürt.

Das Ergebnis ist eine kompakte Anordnung, deren fester Sitz das Eigengewicht der Ausrüstung zu reduzieren scheint und den Gurt zu einem Teil des Körpers werden läßt.

COMBATSCHIESSTRAINING – 1. PHASE

Als beginnende Übung sollte der Schütze eine Schießentfernung von 3–5 Metern von einer Silhouettenscheibe wählen und erst nach einigen »trockenen« Anschlagsversuchen, d. h. Übungen mit ungelade-

ner Waffe zwecks Vergegenwärtigung des Ziehens, Durchladens, Haltens oder Spannens zum Trainieren mit scharfer Munition übergehen. Wenn möglich, sollte dies ohne Zuschauer geschehen, um den Neuling nicht einem unangebrachten Leistungsdruck auszusetzen.
Der Schütze sollte sich von Anfang an daran gewöhnen, nicht nur einen, sondern zwei Schüsse schnell hintereinander abzugeben und spätestens nach fünf Schüssen in die Grundstellung zurückzugehen. Es hat in Hinsicht auf die Combatpraxis keinen Wert, die Waffe einmal anzuschlagen und dann ganze Magazinladungen aus der gleichen Position heraus in die Scheibe zu »pumpen«. Denn, wer einem bewaffneten Angreifer gegenübersteht und nach drei bis fünf Schüssen keine Treffer zu verzeichnen hat, aber immer noch am gleichen Platz verharrt, der wird zum letzten Mal in seinem Leben Standfestigkeit bewiesen haben. Jede der verschiedenen Anschlagsweisen für den Hüftschuß sollte durchgeübt werden, und der Schütze wird selbst erkennen, mit welcher Methode er die besten Trefferergebnisse erzielt;

Nahschuß aus der Hüfte auf dem »Ambush-Trail«-Parcours. Die Beine bleiben in Laufrichtung, der Oberkörper dreht sich nach links.

er wird dann an die Vervollkommnung dieser für ihn individuell besten Schießart, gehen.

Erst nachdem er den Nahschuß aus der Hüfte beherrscht, geht er zum Schießen auf größere Entfernungen über, wobei es am ratsamsten erscheint, die jeweiligen Schußgrenzen in 5-Meter-Abständen, rückwärts von der Scheibe weggehend, einzuteilen (also 5, 10, 15, 20, 25 etc.). Die weiteste Entfernung vom Ziel für den instinktiven Deutschuß sollte bei 25 Metern liegen. Später mit zunehmender Erfahrung wird der Combatschütze durchaus in der Lage sein, auf 35 und mehr Metern aus einem ungezielten Anschlag heraus zu treffen.

Von der 25- danach von der 50-Metermarke aus schießt der Übende gezielt, unter wechselnder Verwendung der verschiedenen Positionen. Er bemüht sich, »Punktfeuer« zu erzielen, d. h. Treffen eines kleinen Zielobjekt, z. B. bei der Scheibe der innerste Kreis.

Der nächste Schritt nach Erlernen der instinktiven und gezielten Schießweise ist das schnelle Erfassen und Einnehmen der Haltung. Der Übende geht an der Metermarke auf und ab und dreht sich auf Pfiff oder auf ein Zeichen, das er sich selbst gibt, unter gleichzeitigem Ziehen der Waffe und Spannen zur Scheibe hin und feuert. Nachdem diese Übung, wobei Rechts- und Linkswendungen zum Ziel beherrscht werden müssen, abgeschlossen ist, geht der Schütze in irgendeine Richtung von der Scheibe weg und dreht sich auf Anruf zum Schießen herum. Pro Anschlag wird nur eine Doublette geschossen. Dann setzt sich der Schütze wieder in Bewegung, die Waffe entspannt (oder gesichert) im Holster. Der Trainer (sofern ein solcher vorhanden ist) und der Schüler werden bald wissen, wo noch Schwächen bestehen, sie werden versuchen, diese durch vermehrte Übungen auszumerzen.

Nachdem die Übungen bei Tageslicht beherrscht werden, wird der gleiche Trainingszyklus bei Dämmerung und bei Dunkelheit geschossen. Beim Nachtschießen kann die Scheibe für Momente angestrahlt oder, was besser ist, durch eine kleine Glühbirne markiert werden. Die Glühbirne (von einer 1,5 Volt Batterie gespeist und durch eine Haltevorrichtung oder mit Klebestreifen in Hüfthöhe auf der Silhouettenscheibe befestigt) markiert das Mündungsfeuer des Angreifers. Eine dritte Möglichkeit, die sich besonders für das Langwaffentraining auf größere Entfernung eignet, ist das Anstrahlen der Scheibe von hinten, wobei eine schwache Lichtquelle hinter der Scheibe diese als sich schwach abhebende Silhouette erscheinen läßt.

COMBATWIRKLICHKEIT UND TRAINING

Meine persönliche Aversion gegen Combatwettkämpfe resultiert aus der Tatsache, daß derartige Schießstandpraktiken Fehlverhalten und falsche Vorstellungen demonstrieren bzw. erst hervorrufen.

Combatrealität: Ein MG-Schütze deckt das Vorgehen seiner Kampfgruppe – daß auch der Gegner zurückschießt, sieht man an den Löchern im Fensterkreuz. Der Schütze hat richtig Deckung genommen, im äußersten Winkel des Fensters, das Zweibein gegen die Mauer gepreßt.

Es erscheint mir moralisch recht dubios, ob man die Selbstverteidigung in einen nach Punkten bemessenen Sport umwandeln soll. Da werden z. B. Durchgänge mit klangvollen Namen wie »El Presidente« versehen, bei denen der Schütze mit in Schulterhöhe gehaltenen Händen in Bereitschaft steht, mehrere Magazinladungen auf verschiedene Ziele verschießt und nachlädt, ohne einmal die Stellung zu wechseln. Er beweist zwar eine gewisse Fertigkeit und Schnelligkeit. Doch bei einem Angriff durch einen bewaffneten Gegner wäre diese Methode Selbstmord. Da gibt es weiter Geländeübungen, bei denen man brav durch die Botanik marschiert und nach links oder rechts auf plötzlich auftauchende Scheiben ballert. Magazine fallen aus der Waffe auf den Boden, neue Magazine werden geladen, und der Schütze marschiert weiter, nach links oder rechts schießend. Mit Combattraining hat das wenig zu tun, und ich werde dabei an Kavallerie-Offiziere erinnert, die nach gewonnener Schlacht durch Indianerlager liefen und Wehrlose massakrierten oder an Hasenjagden, bei denen ja auch nicht zurückgeschossen wird.

Es muß immer davon ausgegangen werden, daß bei einem Angriff (Attentat, Überfall, Hinterhalt) der Angreifer aus einer Deckung heraus arbeitet und daß er eventuell in der Bewaffnung überlegen sein kann. Deshalb muß es zu einer Reflexreaktion werden, sich – nach der Lage der Dinge entweder sofort oder nach Abgabe einer instinktiven Doublette in Richtung des Angreifers – in Deckung zu werfen.

Dies trifft für alle Gefechtssituationen über eine Schußentfernung von 10 bis 15 Meter zu, besonders aber dann, wenn es mehrere Angreifer gibt. Sehr oft weiß der Angegriffene im ersten Moment überhaupt nicht, aus welcher Richtung auf ihn geschossen wurde.

Aus der Deckung heraus wird dann zum Angriff übergegangen, wobei es darauf ankommt, selbst zu überleben!

Im Gelände wie auch in Straßenkämpfen geht man nicht an der Stellung eines Angreifers vorbei, ohne sich zu vergewissern, daß dieser wirklich unschädlich gemacht wurde. In der Praxis bedeutet dies, man sucht den Angreifer in seiner Ausgangsstellung auf, ähnlich wie im Militäreinsatz; man greift an und nimmt die Stellung des Gegners.

Ich habe einige Menschen sterben sehen, nur weil sie dieses Gebot der Vorsicht nicht beachtet haben. Nach einem Schußaustausch, bei dem der Angreifer getroffen zu Boden ging, standen sie bedächtig auf, kamen hinter ihrer Deckung hervor und gingen »in Siegerpose« zum Getroffenen hin, und mußten plötzlich erkennen, daß dieser sehr wohl noch in der Lage war, Schaden anzurichten. Gewaltverbrecher,

Eine Patrouille hat Feindberührung. Nach dem ersten Schuß liegt jeder auf der Erde und sucht nach Deckung. Ein LMG-Schütze deckt einen Kommandeur, der durch sein Glas das Gelände absucht.

Die Patrouille geht zur Gegenaktion über. Sprungweise arbeiten sich die Soldaten vor, während andere – aus der Deckung heraus – den Feuerschutz übernehmen.

Terroristen und Psychopathen anderer Herkunft sind oft fanatisch von dem Wunsch besessen, »heimzuzahlen«, »ins Grab mitzunehmen«, »das Leben so teuer wie möglich zu verkaufen« – eine Einstellung, die – wenn unterschätzt – sehr gefährlich werden kann. Wildwest- und Kriminalfilme vermitteln ein vollkommen falsches Bild, und oft ist unser Verhalten unbewußt von ihnen geprägt. Das oberste Gebot heißt »Deckung« oder »Hit the deck!« –
Deckung hilft zu überleben, hilft vor empfindlichen Verletzungen zu bewahren, und sie bietet die Möglichkeit, eine Situation unter Kontrolle zu behalten. Ein Polizist, der eine Person bei einer straffälligen Handlung überrascht, braucht sich nicht zu exponieren, wenn er sie anruft. Zieht der Angerufene eine Waffe, so muß der Beamte schießen, um sein Leben zu retten. Hat er aber sich selbst gedeckt, die Waffe im Anschlag, den Verbrecher zur Aufgabe aufgefordert, so sind dessen Möglichkeiten sich freizuschießen relativ gering. Sollte er das dennoch tun, so ist die Möglichkeit gegeben, den Kriminellen durch einen Bein- oder Armschuß zur Aufgabe zu zwingen, ohne daß der Beamte sein Leben zu sehr in Gefahr gebracht hat.
In jeder Straße bieten Mauervorsprünge, Hauseingänge, Litfaßsäulen, Bürgersteige, Fahrzeuge usw. Deckung. Nicht alles kann ein Geschoß wirklich aufhalten, jedoch kann oft eine tödliche Wunde vermieden werden, wenn der Getroffene hinter einem Objekt stand, das die Energie abmilderte.
Deckung kann auch heißen, daß der sich Deckende nur aus der Sicht seines Angreifers verschwunden ist. Ein Untertauchen in oder hinter einem Dickicht, Gebüsch oder Baum kann zur Lebensrettung führen, vor allem, wenn dieser tote Sichtwinkel ausgenutzt wird, um an den Angreifer heranzukommen. Die Tarnung gehört dazu, genauso wie die Bewegung: es ist außerordentlich schwierig, jemanden zu treffen, der sich schnell und unerwartet bewegt oder der sich durch Ausnützung von Zweigen, Blättern, Anstrich des Gesichts etc. an seine Umgebung angepaßt hat.
Die erste Reaktion nach Abfeuern einer Doublette ist daher die Veränderung der eigenen Zielsilhouette durch Einhocken oder Hinwerfen und damit ein Verkleinern der eigenen Zielfläche. Der Angegriffene sollte immer bemüht sein, sich so wenig wie möglich in nur einer Deckung aufzuhalten, er sollte seine Position oft verändern und sich an den Angreifer heranarbeiten.
Wenn die beim Stellungswechsel im Laufen abgegebenen Schüsse auch den Gegner nicht treffen, so zwingen sie ihn doch in Deckung,

Auf das Ziel vorarbeiten während eines Combat-Durchganges im bebauten Gelände, der Schütze geht im Zick-Zack vor und verkleinert seine eigene Zielfläche je näher er dem Gegner kommt.

verunsichern ihn und hindern ihn am Überschauen der Lage und am gezielten Schießen.

In manchen Fällen hat der so in Deckung gezwungene Angreifer erst dann den Kopf wieder erhoben, als der Angegriffene schon direkt über ihm stand. Bei einem Feuergefecht muß man stets versuchen, die Initiative an sich zu bringen. Der Angreifer muß gezwungen werden, sich ständig neuen Situationen anzupassen. Das beste Beispiel dafür ist der Zick-Zack-Lauf, der den Gegner zwingt, seine Körper- und Zielhaltung dauernd zu verändern, um zielen zu können. Während eines Angriffs sollte man so handeln, daß der Gegner die nächste Reaktion nicht vorhersehen kann: rechts und links aus einer Deckung schießen, nicht von ein- und derselben Stelle schießen und dann von dort zum Stellungswechsel hervorkommen, kriechen, rennen, rollen usw.

Vor allen Dingen sollte man sich immer in Richtung auf den Angreifer vorarbeiten, sich ihm nähern, ihn entnerven und ihn veranlassen, Fehler zu machen. Schnelligkeit und Flexibilität sind die Schlüssel hierzu. Die Zeiten in Deckung sollten dazu verwandt werden, gezielte Schüsse abzugeben, den noch in der Waffe vorhandenen Munitions-

Nachladen in Deckung.

bestand zu kontrollieren und nachzuladen. Die Deckung gibt einem die Möglichkeit, die Situation zu überdenken, die nächsten Schritte vorauszuplanen und sich zu beruhigen.

Die nervliche Anspannung ist einer der wichtigsten Faktoren im Ernstfall, etwas, was sich sehr schwer im Training nachempfinden läßt. Der plötzliche Adrenalinstoß ins Blut, der jagende Puls, die weichen Knie sind Einflüsse, die nicht gerade zu präzisen Treffern verhelfen. Deshalb ist oft nicht erstaunlich, wenn keiner der Schüsse trifft, die in einer überraschenden Ernstfall-Situation zwischen Kontrahenten abgegeben werden. Die hierbei auftretenden Körperfunktionen sind jenen am ähnlichsten, die durch einen kurzen Sprint hervorgerufen werden. Daher ist es empfehlenswert, kurze Läufe von 50 bis 100 Meter zur Simulierung der Combatsituation einzuführen.

Für den Nahschuß ist ein Hinweis brauchbar, wie er an den amerikanischen Polizeischulen gegeben wird: da die meisten kriminellen Angreifer ihre Waffe im einhändigen Hüftanschlag haben, werden die Rekruten darauf trainiert, noch während des Ziehens einen halben oder einen ganzen Schritt nach rechts zu tun, um der Kugel auszuweichen.

COMBATSCHIESSTRAINING – 2. PHASE

Die nun folgenden Durchgänge werden genau wie die Lektionen der ersten Phase geschossen, nur daß jetzt zwei Scheiben mit etwas Zwischenraum nebeneinander stehen. Der Schütze wird angehalten, je eine Doublette pro Scheibe abzugeben, wobei er mit der ihm näher stehenden beginnt. Auf Entfernungen ab 15 Metern verändert er zwischen dem Beschuß der ersten und dem der zweiten Scheibe Stellung und Haltung. Er wird nun aufgefordert, sich ständig in Bewegung zu halten, sich hinzuwerfen, im Liegen zu ziehen, wegzurollen, aufzuspringen, sich von der 50-Meter-Marke vorzuarbeiten; den Varianten sind keine Grenzen gesetzt. In der Nahkampf-Entfernung kommt dann noch eine praxisbezogene Übung hinzu: der Schütze läßt sich rückwärts fallen, so als wäre er von dem Angreifer gestoßen worden, zieht die Waffe und schießt aus dem Liegen heraus, wobei er mit den Füßen in Richtung Ziel liegt. Immer wieder trainiert er den Schuß mit

Hier sind zwei Ziele nacheinander zu bekämpfen: die volle Silhouette in der Tür und das kleinere Ziel im Fenster.

nur einer Hand, abwechselnd die Linke oder Rechte gebrauchend, von der Tatsache ausgehend, daß die Verletzung eines Arms oder einer Hand möglich ist.
Manöverpatronen werden irgendwo in die Magazine oder Speed-Loader geladen, um eine Ladehemmung oder Munitionsversager zu simulieren. Der Waffenträger muß sich daran gewöhnen, eventuell auftretende Versager schnell und instinktiv zu beheben. Durchladen der Waffe, Auswechseln der Magazine oder ein erneutes Durchziehen des Abzugs müssen automatische und selbstverständliche Reflexe werden. Ein Zögern kann im Ernstfall den Tod bedeuten.
Um die Combatwirklichkeit zu simulieren, werden vor Beginn eines Durchgangs 100-Meter-Sprints oder 25 Liegestützen in schneller Reihenfolge ausgeführt.
Wenn sich zufriedenstellende Erfolge zeigen, d. h. der Schütze mit jeder Doublette trifft, werden wirklichkeitsnähere Ziele geschaffen: Die Scheiben werden in unterschiedlicher Entfernung voneinander hinter

Der Combatschütze beschießt beide Scheiben mit je einer Silhouette, tritt mehrere Schritte nach rechts beschießt noch einmal beide Scheiben, während er sich näher heran arbeitet.

Deckungen aufgestellt. Die Deckungen können durch Benzinfässer, große Kartons, Kisten oder vieles mehr simuliert werden. Die Scheiben sind nur noch mit dem Kopf, dem halben Oberkörper oder seitlich zur Hälfte zu sehen. Jeder Treffer, der auf dem Deckungsmaterial liegt, ist ungültig. Es ist selbstverständlich, daß diese Übungen noch mehr Konzentration und gegebenenfalls andere Schuß- oder Zielpositionen erfordern. Gleichzeitig werden von der 15-Meter-Marke an Deckungen für den Schützen aufgestellt, und er arbeitet sich nun aus 50 Meter Entfernung unter Ausnutzung dieser Vorrichtungen an das Ziel heran.

Für Langwaffen-Schützen wird diese Übung von der 300-Meter-Linie ab geschossen. Der Zahl und Möglichkeit von Zielen sind keine Grenzen gesetzt: ein Ausbilder kann Scheiben durch Zug aufrichten oder plötzlich dem Schützen zuwenden, drei Scheiben können in einer Ecke als Gruppe stehen, eine Scheibe kann so hinter einem Stützpfeiler aufgestellt werden, daß sie vom Schützen erst im Passieren dieser Deckung sichtbar wird u. a. m.

Schießen aus der Deckung, der Schütze hat die Waffenhand gewechselt um links anzuschlagen und so mehr im Deckungsbereich zu sein.

Durch Platzpatronen oder Feuerwerkskörper (bei Dunkelheit) können Reize geschaffen werden, die den Trainierenden ablenken und seine Konzentration beeinträchtigen sollen. Plötzlich aufleuchtende Scheinwerfer oder die Aufforderung des Trainers, 25 Liegestützen einzulegen, können ihn ebenfalls aus der Fassung bringen.
Segeltuchwände und Hartfasertüren können die Sicht behindern und ein Gebäude simulieren. Ein Schießkeller oder Schießstand kann mit viel Phantasie in ein Gewirr von Gängen und Ecken verwandelt werden, in denen der Übende plötzlich mit Situationen konfrontiert wird, die sowohl seinen Instinkt als auch seinen Verstand erfordern. Durch

Zurufe wie »Polizist«, »Angreifer«, »Beschuß von links«, »Geiselnehmer mit Geisel« erklärt der Trainer die Scheiben. Als Vorbild hierzu seien die amerikanischen FBI-Stände erwähnt, bei denen bemalte Silhouetten den Rekruten mit Situationen konfrontieren, in denen er sofort schießen muß, zögern muß, in Deckung gehen muß oder das Feuer überhaupt nicht eröffnen darf.

Für Schützen, die im Bereich ihrer Tätigkeit mit Dritten zusammenarbeiten, wie Polizei, Spezialtruppen, Sicherheitsbeamten oder Soldaten, ist es notwendig, diese Übungen zu zweit oder zu dritt zu schießen. Hier kann es durchaus nützlich sein, sich untereinander mit Pfiffen oder Zeichen zu verständigen. Diese wechselseitige Arbeit ist geprägt durch die gegenseitige Feuerdeckung, die ein Schütze dem anderen gibt, während dieser die Stellung wechselt. Ein besonderer Schwerpunkt bei der Angriffsbewegung sollte sein, daß nie ein Übender das Schußfeld des zweiten behindert.

Ein gut eingespieltes Team kann eine gegenseitige Lebensversicherung sein. Auf der anderen Seite ist es schon oft passiert, daß sich Beamte in der Dunkelheit gegenseitig beschossen haben. Besondere

Das Schießen aus der Deckung.
Stehender Schuß aus der Deckung. Der Körper lehnt sich voll gegen die Hausecke.

Beachtung muß hier auf die Kommunikation gelegt werden. Jeder Schütze muß zu jeder Zeit wissen, wer sein Teampartner ist. Durch kurze Absprachen ist das Umgehen und Bekämpfen eines Angreifers durch einen Schützen möglich, wenn ihm sein Partner Feuerschutz gibt und so durch den Beschuß den Angreifer am Verlassen der Stellung oder am Übersehen der Situation hindert.
Alle diese Übungen auf dem Schießstand oder im Schießkeller sind für den Ernstfall nur Vorbereitung. Nach Möglichkeit sollte das Training aber im Gelände und in Gebäuden mit scharfer oder mit Übungsmunition erfolgen, denn erst im Gelände kann die Vielfalt der Möglichkeiten und der Situationsunterschiede erlernt und beherrscht werden. Wenn keine Möglichkeiten zum scharfen Übungsschießen bestehen, weil eventuell eine Gefährdung von Anwohnern eintreten kann, muß das trockene Training durchgeführt werden.

Anstreichen der Wand.

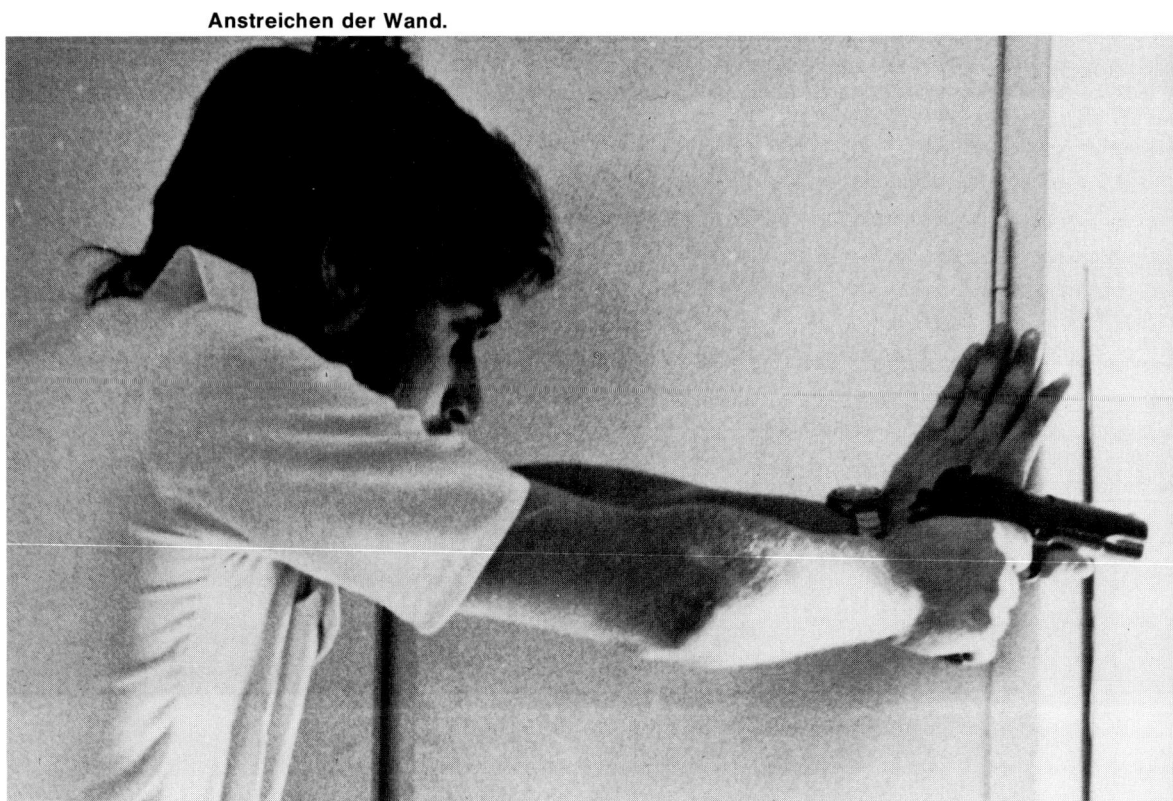

Knieender Zielschuß.

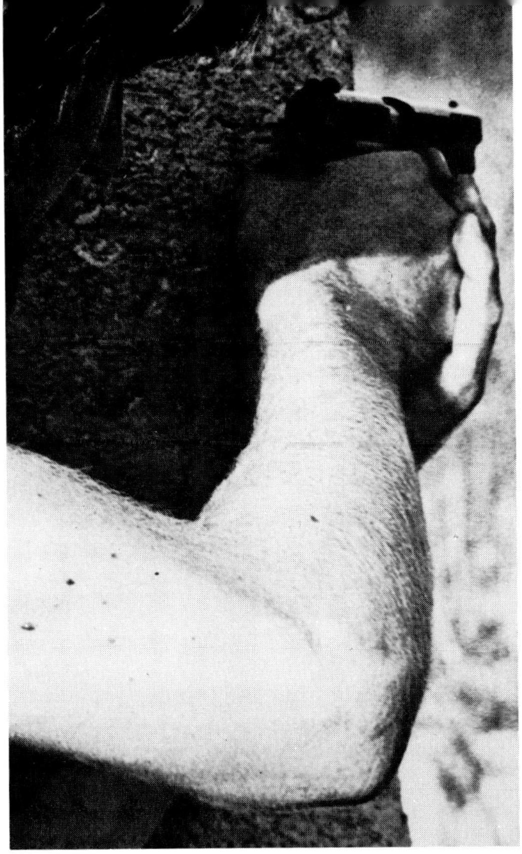

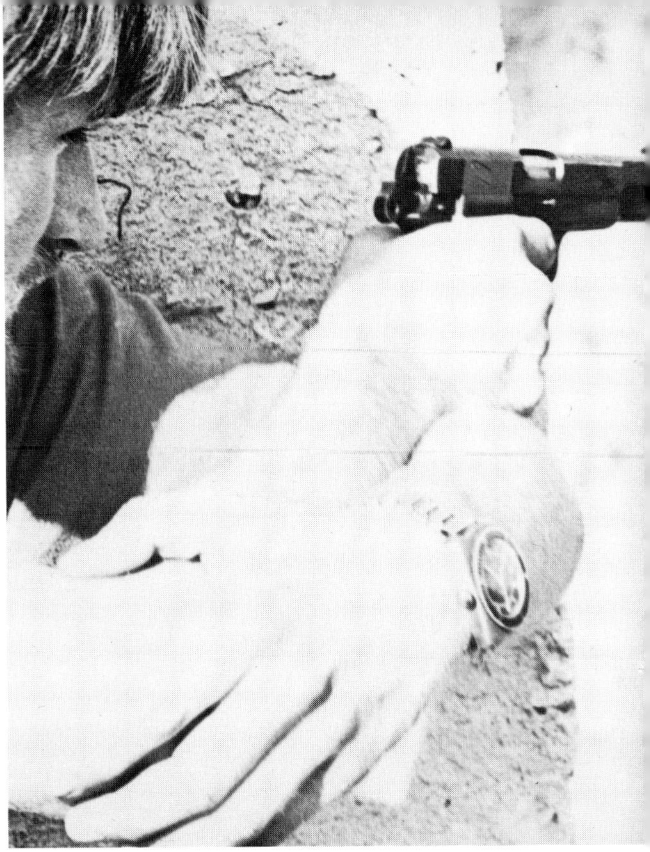

Möglichkeiten der Hand- und Armposition beim Schuß mit der Faustfeuerwaffe aus seitlicher Deckung.

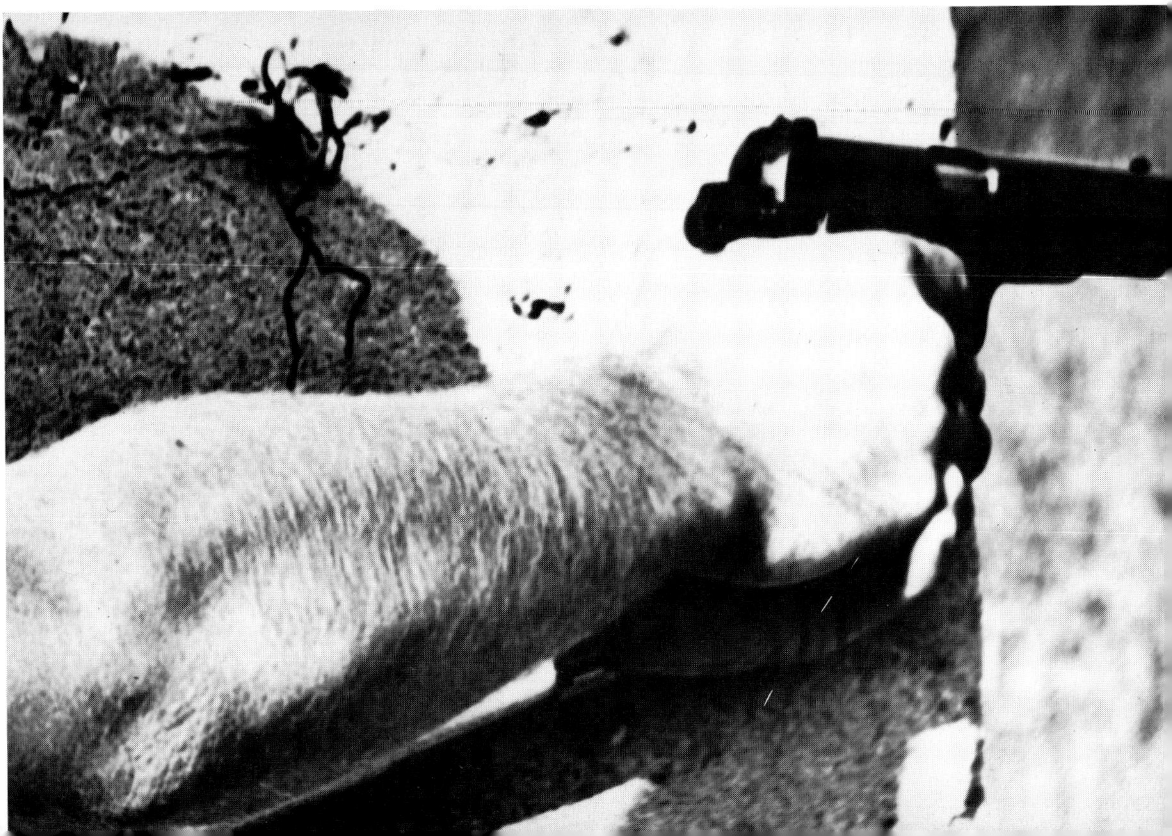

Stehendes und kniendes Schießen aus der Deckung im Feuerstoß.

Die Waffe wird normal festgehalten, der linke Unterarm liegt gegen das Deckungsmaterial, und der Körper hat eine weite Vorlage gegen diese Stütze. Je nach Position des Zieles kann der ganze Körper gegen die Deckung gepreßt werden.

Anstreichen einer seitlichen Deckung von links: Der Schütze hat den Anschlag der Waffe völlig verändert, um mit dem Körper in der Deckung zu bleiben. Der rechte Daumen dient als Waffenauflage – diese Form das Gewehr zu halten, ist nur im Einzelschuß praktikabel.

Rechtes und linkes Anstreichen einer seitlichen Deckung. Soviel darf maximal vom Körper des Schützen gesehen werden!

NACHTSCHIESSEN

Mehr als die Häfte aller bewaffneten »Auseinandersetzungen« im Polizeibereich finden in den Nachtstunden statt. Doch das Nachttraining nimmt immer noch einen viel zu kleinen Teil der Gesamtübungen ein. Jeder Combatschütze sollte sich darauf einrichten, alle seine Übungen im gleichen Maße auch in der Dunkelheit durchführen zu können, der Abfall in der Trefferleistung wird ihn jedoch überraschen.

Dämmerungsschießen. Bei einem Combatdurchgang unter Verwendung von Fahrzeugen (sogen. Verfolgungsschießen) benützt ein Gewehrschütze die Laderampe seines Fahrzeuges als erhöhte Position für einen Weitschuß.

Geübt werden sollte auf Entfernungen bis zu vierzig Metern für Langwaffen und Faustfeuerwaffen, beginnend mit dem instinktiven Schuß bis 15 m im Hüftanschlag bis zum Schulteranschlag auf die genannte Maximalentfernung. Nachtschießen ist reinstes instinktives Schießen, denn nur mit Waffen, die mit Nachtvisieren ausgerüstet sind, kann man auch gezielt schießen. Diese Art Visierung besteht aus phosphoreszierenden Punkten, die beim Zielen eine horizontale oder vertikale Linie bilden. Bei einigen Militärwaffen, wie bei dem Galil oder der AK-Serie, wird diese Hilfe, deren Wert erwiesenermaßen recht

Nachträglich angebrachte Nachtvisierung des AKM, eingeschossen auf 100 m. Am Tage werden Nachtkimme und -korn weggeklappt.

Visiermarkierungen der Sig-Sauer P220 für das Schießen bei schlechten Lichtverhältnissen.

Schütze mit modifiziertem AK 47 beim Vorgehen während eines Nacht-Durchganges. Die Waffe hat einen zweiten vertikalen Vordergriff.

zweifelhaft ist, serienmäßig eingebaut. Die zweite und herkömmliche Methodik zum Nachtschießen ist die Verwendung von Leuchtspur-Munition bei automatischen Waffen, was sich allerdings auch als ein recht zweischneidiges Mittel erweisen kann: jeder Gegner, der etwas seitlich zum Schießenden steht, kann genau erkennen, aus welcher Richtung geschossen wird und wo der Schütze steht. Dieser Grund führte zur Einschränkung der bisher so beliebten Praxis von »einszuzwei« (ein Leuchtspur-, zwei Normalgeschosse, ein Leuchtspur usw). Einige erfahrene Veteranen laden ihre Magazine heute unter einem völlig anderen Gesichtspunkt: Die ersten zwei Patronen sind Leuchtspur, dann wieder die mittleren zwei, damit man weiß, wann der Clip halbleer ist und eine einzelne vor den letzten drei Patronen, um so, ohne mitzählen zu müssen, genau zu wissen, wann der Magazinwechsel zu erfolgen hat. Ist kein SLS oder Infrarot-Gerät vorhanden, verläßt man sich beim Nachtschießen notgedrungen auf die eigenen Augen. Diese entwickeln nach ca. 30 Minuten Gewöhnung ihre volle Nachtsichtkapazität, die dann aber durch die plötzliche Lichteinwirkung des Mündungsfeuers wieder stark beeinträchtigt wird, so daß der so Geblendete in den nächsten Minuten wie blind ist. Da kurzläufige Waffen, wie Pistolen oder Revolver, ein starkes Mündungsfeuer entwickeln, ist es durchaus angebracht und praktisch, für den kurzen Moment der Schußabgabe die Augen zu schließen. Bei Langwaffen ist dieses Problem nicht so akut, da sie in den meisten Fällen die Treibladung völlig im Lauf verbrennen.

Schon beim Training sollte man die Schützen daran gewöhnen, sofort nach Abgabe eines Schusses oder einer Doublette die Stellung zu wechseln. Jeder Gegner wird versuchen, die Stellung des Schützen an seinem Mündungsfeuer auszumachen und dann in diese Richtung schießen. Stellungswechsel über ausreichende Distanz ist lebenswichtig!

Vom Gebrauch von Taschenlampen oder Scheinwerfern ist nach Möglichkeit abzusehen, weil diese die natürliche Nachtsicht zu stark beeinträchtigen. Werden sie aber benutzt, so sind sie so weit wie möglich vom Körper wegzuhalten. Die herkömmliche Methode mit der an den Brustknöpfen eingehakten Kastenlampe ist die beste Einladung zum Herzschuß.

Beobachtet man nachts ein Ziel, so sollte man es nicht direkt, sondern etwas von der Seite anblicken, da die für die Nachtsicht empfindlichsten Netzhautstellen seitlich im Auge liegen. Weiterhin sollte man nicht dauernd auf das zu erkennende Ziel starren, sondern die Augen in unregelmäßigen, abrupten und nicht zentrierten Bewegungen darüber hinweg führen, um stets frische Zellen zu aktivieren. Kopfschmerzen, Erkältungen, Alkohol- oder Nikotineinfluß beeinträchtigen die Fähigkeit nachts gut zu sehen. Um bei plötzlichem Kontakt mit Licht wenigstens etwas Nachtsicht zu behalten, schließt man ein Auge und orientiert sich nur mit dem anderen.

Bei Nachtaktionen sollte man beachten, daß jedes Geräusch weiter trägt als am Tage und daher jede lärmerzeugende Quelle wie Münzen, Patronen oder Magazine in den Taschen vermeiden. Man braucht sich ja schließlich nicht durch Glockengeläut anzukündigen.

Bei der Arbeit im Team richtet man sich nach den Mündungsblitzen des Partners aus, erscheint es länglich und oval, so steht man seitlich zum Schützen; erscheint es rund und ballartig – dann ist man selbst der Beschossene!

Gut eingespielte Gruppen können sich ohne Zuruf, nur am eigenen Mündungsfeuer orientieren und gegen eine Stellung vorarbeiten. Voraussetzung dafür ist, daß die eiserne Regel eingehalten wird, daß nur der schießt der am weitesten vorn in Richtung auf den Gegner ist. Er deckt das Vorgehen seiner Teampartner.

DAS VERHALTEN IM GELÄNDE

Zwei Faktoren entscheiden jedes Feuergefecht. Einmal das perfekte Schießen der Kontrahenten selbst und zum zweiten ihre Fähigkeit, dem Beschuß des Gegners durch Beweglichkeit und Ausnutzen von Deckungen auszuweichen und ihm kein günstiges Ziel zu bieten. Es gilt, das eigene Zielbild immer wieder schnell zu verändern und den Angreifer abwechselnd durch Beschuß und Heranarbeiten an seine Stellung zu verunsichern, und ihn seinerseits an Ausweichbewegungen (= Flucht) zu hindern und in eine immer bessere, nähere Schußposition zu gelangen. Dieses Verhalten und das Ausnutzen von vorhandenen Deckungen muß im Einzel- und im Gruppentraining solange eingeübt werden, bis alle Aktionen und Reaktionen instinktartig erfolgen. Während des Ernstfalles kommt man in den seltensten Fällen dazu, nachzudenken und überlegt zu planen. Das Training kann natürlich keine Schemata aufstellen, die in Combatsituation anzwen-

Wo keine Deckung vorhanden ist, wie hier in einem Dünengebiet, muß das Verkleinern der eigenen Zielfläche angestrebt werden, also »Hinlegen«!

Hier hat ein Schütze die Deckung richtig ausgenutzt, die ihm durch Baum und Felsen geboten wurde.

den sind. Jede Gefechtsituation und die gegebenen Voraussetzungen sind verschieden. Es können daher nur Verhaltensweisen einstudiert werden, nach denen im Ernstfall zu verfahren ist.
Wie im vorangegangenen Kapitel erwähnt, sollte die erste Reaktion auf Beschuß das Hinwerfen sein. Schon hier muß das Training einsetzen, denn nichts ist der menschlichen Bequemlichkeit abholder, als der oft unsanfte Kontakt mit dem Boden.
Die dazu notwendige Bewegung kommt einem Fall gleich, bei dem einem die Beine nach hinten weggerissen werden. Man wirft sich lang nach vorn hin, aus der schon geduckten Laufhaltung, die Beine nach hinten wegwerfend und den Fall mit den Unterarmen oder dem Gewehr auffangend. Ziel ist es, mit Unterarmen Oberkörper, Oberschenkeln und Knien gleichzeitig aufzukommen, um dadurch den Aufprall so erträglich wie möglich zu gestalten. Eine zweite Möglichkeit ist die Rolle vorwärts oder zur Seite, wobei der Schütze den Sturz über den aufgestützten Kolben ausführt und mit den Schultern abrollt. Diese Bewegung kann ihn sofort in eine Deckung rollen lassen, und er kann sich auch während des Falles in Richtung zum Angreifer drehen und sogar durchladen. Eine gut ausgeführte Rolle entfernt den Schützen etwa drei bis vier Meter von seinem Ausgangspunkt und somit aus der Beschußzone.
Neben dem Kriechen oder Robben ist das seitliche Rollen über die Schultern die schnellste und sicherste Fortbewegung während eines Kampfes. Der Schütze bleibt bodennah, und je näher er dem Boden ist, desto schwerer wird der Angreifer zum Schuß kommen. Er muß sich selbst aus seiner Deckung erheben und sich exponieren, um einen günstigen Sicht- und Schußwinkel zu haben. Mit der Rolle kann man sich von einer Seite der Deckung zur anderen bewegen, oder hinter einer Deckung herauskommen, um zum Sprung vorwärts anzusetzen, den Schwung der Drehbewegung zum Aufstehen ausnutzend. Es ist die bestmögliche Art, aus einem Graben heraus oder in ihn hinein zu kommen oder über eine Bodenwelle zu gelangen, ohne sich übermäßig als Zielscheibe zu exponieren. Gleichermaßen kann man mit Hilfe der Rolle unter Zäunen hindurch oder auf eine Veranda hinaufkommen. Der Sprung vorwärts, das Zick-Zack-Hasten von einer Deckung zur anderen, um sich näher an die Stellung des Angreifers heranzuarbeiten, darf zur eigenen Sicherheit nicht länger als drei bis vier Sekungen dauern. Innerhalb dieses Zeitraums muß der Schütze aus seiner alten Deckung heraus und in einer neuen sein: Aufstehen, Rennen und Hinwerfen eingerechnet. Während des Sprunges schießt

Die Combatrolle in die Deckung, oder aus dem Zielbereich des Gegners weg.

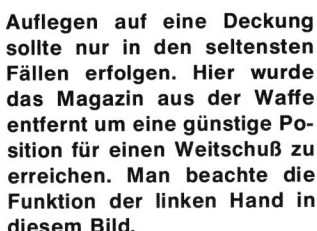

Linkes Anstreichen einer Deckung mit der Faustfeuerwaffe, die Pistole wird links gehalten, die rechte Hand unterstützt.

Auflegen auf eine Deckung sollte nur in den seltensten Fällen erfolgen. Hier wurde das Magazin aus der Waffe entfernt um eine günstige Position für einen Weitschuß zu erreichen. Man beachte die Funktion der linken Hand in diesem Bild.

er in Richtung auf den Angreifer, oder erhält Feuerschutz durch seine Partner. Bei einem Team von drei Schützen befinden sich höchstens zwei in Bewegung, während der Dritte, der am weitesten vorn liegt, schießt. So ergibt sich ein ständiger Rhythmus von Bewegung und Feuer, der dem Angreifer keine Chance läßt.

Deckungen wie Felsen, Mauerreste, Baumstämme etc. werden nach Möglichkeit nur von der Seite »angestrichen«, d. h., man schießt nicht über sie hinweg, sondern links und rechts an ihnen vorbei. Beim Auflegen bietet der gesamte Schulter-Kopf-Bereich ein günstiges Ziel, während beim seitlichen Anstrich nur eine Gesichts- und Schulterhälfte ungedeckt bleiben. Wird eine Deckung links angestrichen (und man sollte laufend wechseln), so versteht sich, daß der gesamte Anschlag auf die linke Körperhälfte wechselt. Die linke Schulter nimmt den Kolben, die linke Hand ist die Abzugshand, während die rechte am Vorderschaft führt.

Dieses Wechseln des Anschlags muß so lange geübt werden, bis es automatisch erfolgt. Eine große Anzahl von Verletzungen ist auf mangelnde Übung zurückzuführen, weil »in der Hitze des Gefechts« Schützen allgemein dazu neigen, rechts anzuschlagen, auch wenn sie links von einer Deckung oder aus einem Fenster schießen sollen.

Ein zweiter Fehler ist es, aus der gleichen Ecke hervorzukommen, aus der man eben noch geschossen hat. Der Gegner wird unweigerlich auf jene Stelle zielen, aus der er gerade noch beschossen wurde. Deshalb muß man links zum Sprung ansetzen, wenn man rechts am Felsen geschossen hat. Läßt es sich nicht vermeiden, wie z. B. bei Häuserecken, so springt man schießend aus der Deckung, um den Angreifer an der Konzentration zu hindern.

Neben der Deckung vor Beschuß ist die Sicht-Deckung wichtig. Nicht jede Hecke, jeder Baum oder Strauch hält oder lenkt Geschosse ab, jedoch wird ein Angreifer selten treffen, wenn er sein Ziel nicht genau sieht. Vieles, was den Schützen verbergen kann, hilft ihm, sich näher an sein Ziel heranzuarbeiten oder zu einem günstigen Schuß zu kommen. Der Schütze muß sich also auch in dieser Hinsicht seiner Umgebung anpassen und sie ausnützen. Er muß vermeiden, ein zu deutliches Ziel abzugeben. Statt über einen Strauch ober über eine Hecke hinwegzublicken, schiebt er sich in das Gestrüpp oder nutzt dessen Schlagschatten aus. Sowohl bei grellem Sonnenlicht als auch in der Dämmerung können Schatten einen Menschen völlig unsichtbar machen. Will man sich vor einem Angreifer verbergen, so ist es ratsam, jede Bewegung ganz langsam auszuführen; eine schnelle Bewegung

Ein gutes Beispiel für das Verschmelzen mit den Geländegegebenheiten. Um sich nicht zu exponieren, schießt der Übende hier unter einem Baumstamm durch.

Deckung und Schuß über eine alte Steinmauer hinweg, hier muß in den meisten Fällen aufgelegt werden, weil keine Möglichkeit besteht, seitlich anzustreichen. Der Kopf sollte dabei soweit wie möglich zwischen den Schultern »verschwinden«, um niedrig gehalten zu werden. Nach einem oder zwei Schüssen muß der Schütze in die Deckung eintauchen um an einer anderen Stelle wieder zu erscheinen!

Deckung hinter einem Felsen. Beachtung verdient hier die besondere Art des Schützen die Sten mit der linken Hand zu führen.

wird vom Auge und vom Unterbewußtsein schneller aufgefangen als eine langsame, gleitende.

Man muß darauf bedacht sein, mit dem Hintergrund zu verschmelzen, sich also nicht vor einem hellen Untergrund (Horizont, Hügellinie, Himmel) abzuzeichnen, sondern durch Anpassen an Gestrüpp, Bodenfalte, hohe Grasbüschel und andere natürliche Gegebenheiten, unsichtbar zu bleiben.

Der nächste Schritt in dieser Richtung ist die Tarnung. Das Hervorstechendste am Menschen, sein helles Gesicht, wird daher als erstes mit etwas Schlamm, rußverschmiertem Öl, Staub oder Asche unauffällig gestaltet. Besonders in schlechten Lichtverhältnissen kann ein helles Gesicht, ein im Hemdausschnitt erscheinendes weißes Unterhemd, ein poliertes Koppelschloß tödlich sein, weil sie dem Angreifer ein Ziel signalisieren. Es ist nicht ungewöhnlich, auch die Waffe zu tarnen: Gras oder Zweige werden mit Hilfe von Gummiringen so an Schaft, Zweibein oder Zielfernrohr befestigt, daß sie dem Mechanismus oder

Typischer Fehler eines MG-Schützen in der Hitze des Gefechts: die Waffe ist rechts angeschlagen, obwohl er links neben einem Felsen liegt. Er hat sich zu weit aus dem Deckungsbereich herausbewegt. Fehlverhalten wie diese waren Ursache für das Gerücht, daß die Lebenserwartung von MG-Schützen in Vietnam nur 30 Sekunden, vom Beginn des Gefechts an, betrug.

der Zieleinrichtung nicht im Wege sind. Mit Hilfe dieser und ähnlicher Tarnungen an Hut, Koppel und Rucksack können menschliche Konturen fast vollständig verwischt werden. Der Schütze wird eins mit der ihn umgebenden Natur. Scharfschützen sollten sich ganz besonders mit der Kunst der Tarnung vertraut machen, weil der Erfolg ihrer Aufgabe sehr oft davon abhängt, daß sie nicht entdeckt werden.

DAS ABSUCHEN EINES GEBIETES

Im Bereich der Sicherungsaufgaben von Militär und Polizei ist das Durchkämmen eines Gebietes eine der heikelsten Aufgaben, da man oft den Störenfried erst dann findet, wenn er das Feuer auf die Beamten bereits eröffnet hat.

Während einer Patrouille in einer Sandwüste hat der Teamleiter eine Bewegung entdeckt, den Palmenstumpf als Sichtdeckung ausnutzend, behält er das Objekt unter Beobachtung, während er andere Gruppen unterrichtet.

Deshalb muß die Suchabteilung dem Gelände angepaßt, in geöffneter Ordnung vorgehen, um zu verhindern, daß durch eine plötzliche Feueröffnung unnötig hohe Verluste eintreffen. Jede zu geschlossene Gruppierung, die ein massiertes Ziel bietet, ist zu vermeiden. Bei Stockungen, Pausen oder Halten der Suchgruppe hat sich jeder Mann in Deckung hinzuknien oder hinzulegen, um Heckenschützen kein Ziel zu bieten. Die beste Aufteilung erfolgt in eingespielten Teams von je 3 Mann, die sich in ihrer Waffenfunktion ergänzen (MG, MPi, Gewehr); drei bis vier Teams bilden eine Gruppe, deren Führer die Koordination und Kommunikation übernimmt.

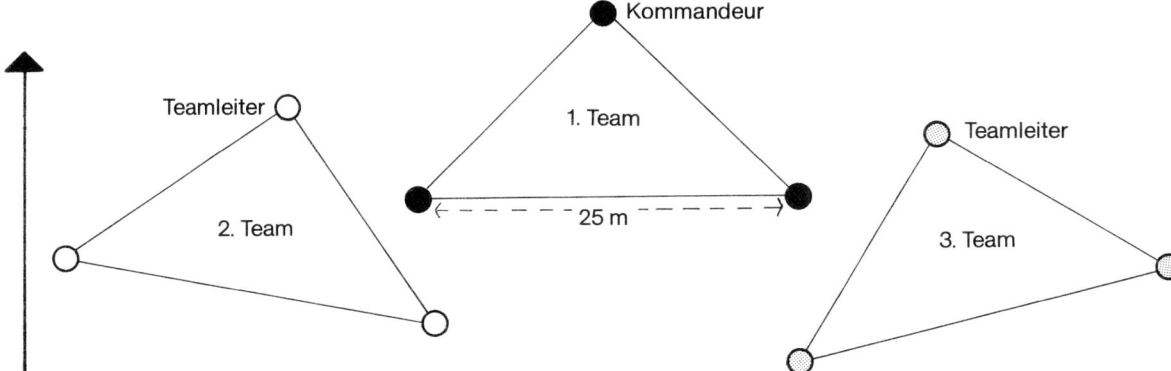

Aufgelöstes Schema zum Durchkämmen von jeder Art Gelände für Drei-Mann-Teams. Abstand der einzelnen Männer voneinander: 25 Meter.

Scharfschützen übernehmen zwecks Beobachtung, Leitung und Sicherung der Suchgruppen erhöhte Positionen auf Türmen, Hügeln oder in Bäumen. Oft befinden sie sich weit vor den Suchgruppen, um eventuell zurückgehende oder flüchtende Störer abzufangen. Die modernen technischen Hilfsmittel, wie Geländefahrzeuge, Hubschrauber und Funkgeräte ermöglichen ein schnelles, wirksames Auffinden und Einkreisen von Störern, ohne daß dabei von der Waffe Gebrauch gemacht werden muß (den Notwehr-Fall ausgeschlossen), weil durch das sofortige Heranziehen von Verstärkungen der Eingekreiste von der Sinnlosigkeit der Gegenwehr überzeugt werden kann. Der Einsatz von Freiwilligen und Bürgermilizen für derartige Sicherungsaufgaben ist sehr fragwürdig, weil eine Kontrolle dieser Leute und ihrer Disziplin nicht gewährleistet ist. Die Erfahrung hat gezeigt, daß dabei oft eine Menschen-Jagdpsychose entstehen kann, an deren

Schluß ein »zur Strecke Gebrachter« steht, dessen Erschießung dem Lynchen gleichkommt.

Sofern nicht eine direkte Gefährdung Unbeteiligter (Geiseln) vorliegt, können der oder die Eingekreisten durch bloßes Ausharren zur Übergabe gezwungen werden. Moderne Nachtsichtgeräte ermöglichen eine lückenlose Überwachung auch in der Nacht, und Psychologen können mit Hilfe von Verwandten, Geistlichen etc. über Lautsprecher den quasi schon Gefangenen zur unblutigen Aufgabe bewegen.

Tränengas kann den Widerstand selbst fanatischer Gewalttäter brechen. Jedoch besteht beim Beschießen von Gebäuden mit CS-Kanistern, Brandgefahr durch die glimmenden Flugkörper, wie es bei der SLA-Schlacht[3] in San Francisco geschah, als sechs Terroristen in einem sich blitzartig ausbreitenden Feuer starben.

Scharfschützenteams können zur besonderen Verfügung schnell mit Hubschraubern auf Gebäuden und Türmen abgesetzt werden, von denen sie sich an Seilen oder Strickleitern herunterlassen. Oft genügt

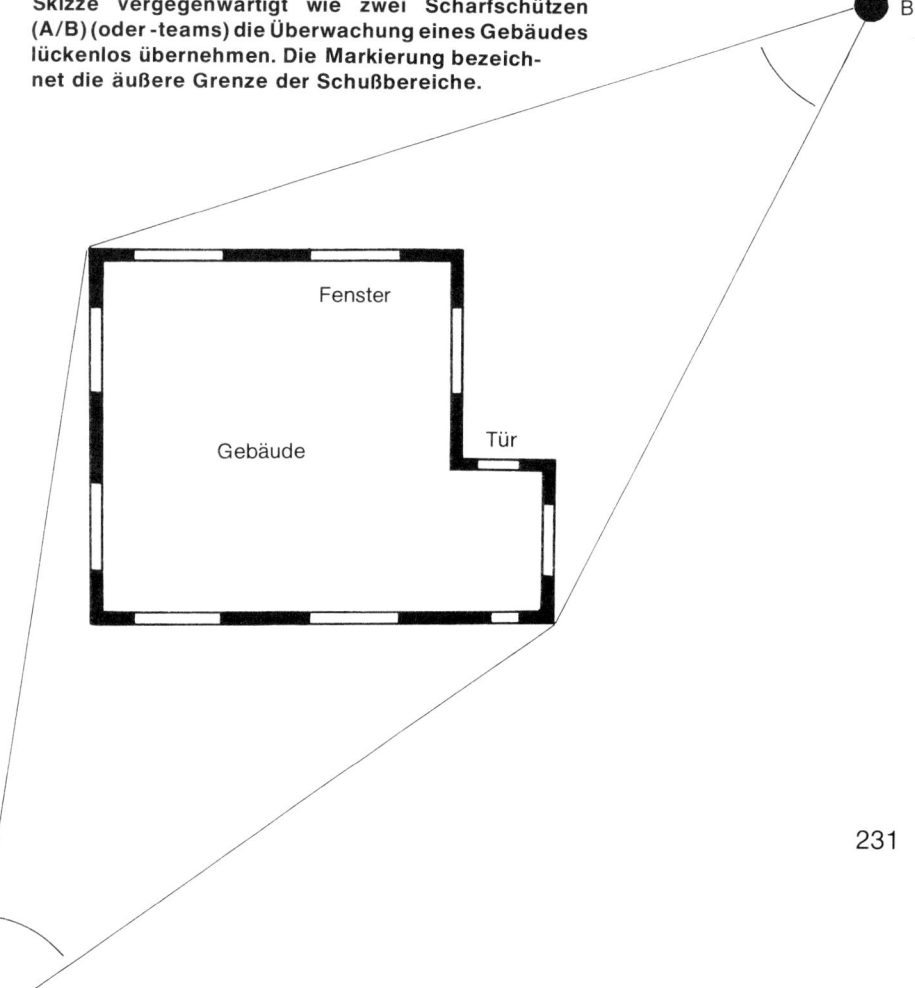

Skizze vergegenwärtigt wie zwei Scharfschützen (A/B) (oder -teams) die Überwachung eines Gebäudes lückenlos übernehmen. Die Markierung bezeichnet die äußere Grenze der Schußbereiche.

ein 3-Mann-Team, um ein alleinstehendes Gebäude abzusichern, bis Unterstützung eintrifft. Eine hervorragende Übung für das Training im Gelände wurde aus dem Jagdschießen abgeleitet. Ein alter Autoreifen wird mit einer Pappscheibe versehen und vor dem Schützen einen Abhang heruntergerollt. Ein unberechenbares Eigenleben entwickelnd, simuliert der rollende Reifen ein flüchtendes oder rennendes Ziel. Der Überraschungseffekt kann dadurch erhöht werden, daß der Schütze sich erst bei Anruf umdrehen darf, und dann den Autoreifen lokalisieren muß.

EINDRINGEN UND FEUERGEFECHT IN GEBÄUDEN UND RÄUMEN

Geiselnahmen oder die Verfolgung von flüchtenden Gewalttätern machen es oft unumgänglich notwendig, daß man in Gebäude eindringen muß, um die Täter zu neutralisieren.
Die Schwierigkeit liegt im Erkennen von Geiseln und unbeteiligten Hausbewohnern in den oft dunklen Gängen oder rauchgefüllten Räumen (Kalkstaub durch Geschoßeinschläge, Tränengas etc.) Das oberste Gebot ist Schnelligkeit und gute Zusammenarbeit der Gruppen, um eine Befreiung der Geiseln zu ermöglichen bzw. weitere Geiselnahmen von Bewohnern zu vermeiden. Gleichzeitig sollen Opfer unter den Beamten vermieden werden. Vorbereitete Geiselnahmen durch politische Fanatiker sind oft durch die Drohung gekennzeichnet, bei einem Befreiungsversuch das Gebäude zu sprengen, was die Arbeit der angreifenden Gruppen zusätzlich kompliziert. Denn neben der Bekämpfung der Terroristen müssen eventuelle Sprengsätze gefunden und Sprengkreise durch Zerschneiden der Leitungen unterbrochen werden. Während bei der Verfolgung von Verbrechern die ersten Beamten am Ort, oft Streifenpolizisten, in das Haus eindringen, ohne die örtlichen Gegebenheiten zu kennen , ist bei einer politischen Geiselnahme die nötige Zeit vorhanden, Spezialisten heranzuholen und

Das Savoy-Hotel in Tel-Aviv, das während einer Geiselbefreiung von Fedayeen (arabische Terroristen) gesprengt wurde (6. 3. 75).

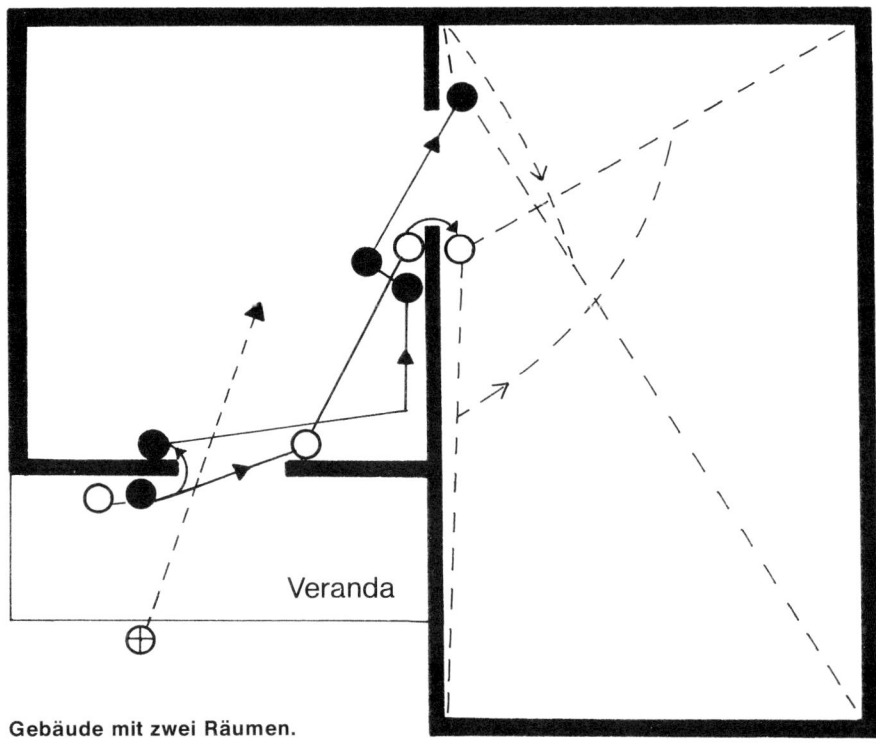

Gebäude mit zwei Räumen.

sie vor dem Einsatz mit den notwendigen Informationen vertraut zu machen, über Zahl und Art der Gewalttäter, deren Bewaffnung, die Lage der Räume, die Zahl der Geiseln u. a. m. Nach einem Plan, in dem jedes Team seine feste Funktion und seinen zugeschriebenen Aufgabenbereich hat, wird das Gebäude gestürmt, wobei man entweder vom Dach aus, durch angelehnte Fenster in die Obergeschosse oder vom Erdgeschoß aus eindringen kann. Nach den jeweiligen Umständen sollten mehrere Einsatzmöglichkeiten genutzt werden, um eine Vielzahl von Teams möglichst gleichzeitig in verschiedenen Räumen zuschlagen zu lassen und so den Überraschungseffekt zu vergrößern. Das Betreten eines Raums erfolgt, wie in der Skizze aufgezeigt: Die beiden ersten Männer des Teams, hier als A und B bezeichnet, nähern sich der Tür, der dritte Schütze (C) folgt in etwas größerem Abstand und sichert nach allen Seiten. An der Tür angelangt, prüft A, ob sie geschlossen ist und stößt sie auf, wobei er darauf achtet, ob sie gegen die Mauer schlägt. Oft genug verbirgt sich der

Hier gibt der dritte Mann des Teams den beiden zur Tür vorrückenden Schützen Feuerdeckung, wie es auch auf der Zeichnung dargestellt ist.

Zwei Angehörige eines SWAT-Teams beim Einbrechen in den Raum: A tritt sofort zur Seite, um B hinter sich Platz zu machen.

Gesuchte hinter ihr. B tritt zu diesem Zeitpunkt hinter A seitlich vor, um ihm Deckung zu geben. Auf ein Kommando stürzen A und B fast gleichzeitig in den Raum, mit dem Rücken Kontakt zur Wand haltend, während C bis zur Tür nachrückt, um gegebenenfalls als Ersatz Hilfe leisten zu können. A und B kämmen den Raum jeweils von der ihnen am nächsten liegenden Ecke ab durch. Sofern erforderlich, machen sie von der Schußwaffe Gebrauch, indem sie Punktfeuer schießen; bei Geiselbefreiungen liegt die Waffe im Schulter- oder brusthohen Anschlag. Geht ein weiterer Raum von diesem Zimmer ab, so übernimmt der nächststehende Schütze darin die Führung. Das gleiche Manöver wird wiederholt. Während der Durchsuchung ist die Kommunikation unter den Teampartnern äußerst wichtig, sie erfolgt durch kurze Zurufe wie »Zimmer von links« usw. C betritt als Letzter den Raum und unterhält weiterhin Verbindung mit der übrigen Gruppe. Stoßen A und B in das nächste Zimmer vor, so übernimmt C die vorherige Position von B und leitet eventuelle Nachrichten an den Einsatzleiter weiter. Beim Betreten eines Raums ist so wenig Zeit wie möglich im Türrahmen zu verbringen, weil sich der Eintretende meist als Silhouette deutlich abzeichnet. Beim langsamen Vorgehen blickt man um jede Ecke in geduckter oder liegender Haltung, um unbemerkt zu bleiben. Es muß beachtet werden, daß viele Innenwände und Türen von Geschossen glatt durchgeschlagen werden können und daher keine Deckung bieten. Weiß man, wo sich der Angreifer im Raum befindet, so ist es angebracht, sich durch eine Rolle vorwärts in den Raum zu katapultieren, wenn man als Einzelner die Verfolgung aufgenommen hat. Der Überraschungseffekt ist fast immer sicher.
Die Skizze eines Bürogebäudes (Schule, Botschaft etc.) erläutert, wie eine Swat-Gruppe, bestehend aus drei Eingreifteams und einem Führungsteam, ein Stockwerk durchkämmt. Es kann dabei durch Scharfschützen von der Zimmerseite aus unterstützt werden. Die Besetzung der einzelnen Räume erfolgt der Reihe nach. Jedes Team, das fertig ist, schließt sich in der Reihenfolge der Vorwärtsbewegung wieder an, während das Führungsteam die Sicherung des Flurs (durch den Deckungsmann B), die Koordination der einzelnen Aktionen und die Nachrichtenverbindung mit außenstehenden Hilfskräften (Scharfschützen, Sanitätern, Ärzten und Einsatzleitung) übernimmt.
Die Besetzung eines solchen Stockwerks, wie es im Skizzen-Beispiel angegeben ist, würden einen Zeitraum von weniger als 1½–2 Minuten beanspruchen. Voraussetzung ist aber, daß jeder Beamte seine Funktion genau kennt. Der Dritte eines jeden Teams übernimmt die

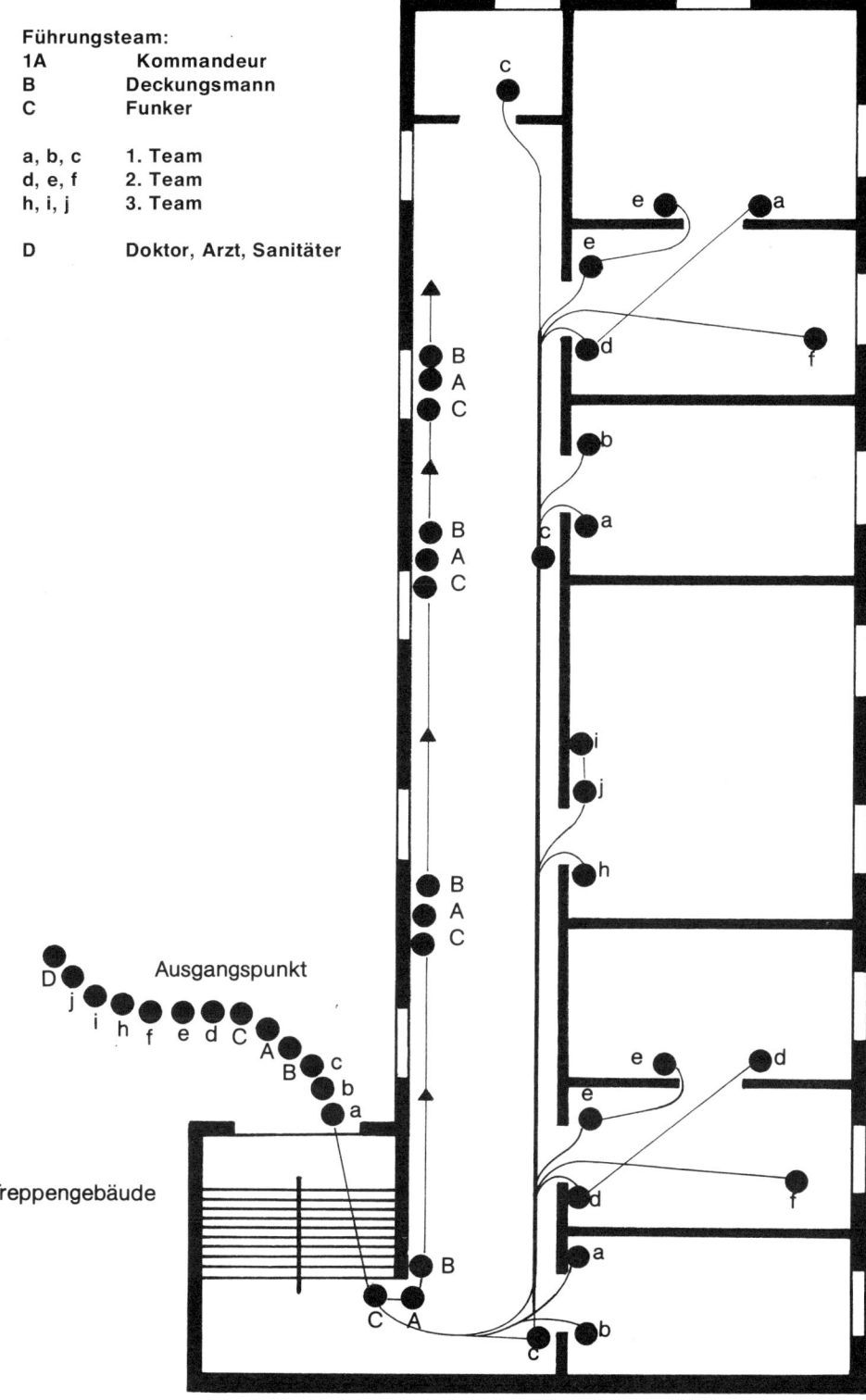

Beanchrichtigung der Scharfschützen durch Sichtzeichen (f) am Fenster.

Gehen auf jeder Seite des Flurs Zimmer ab, so muß die Besetzung der einzelnen Räume synchron ablaufen; das Führungsteam würde dann zwischen den beiden Reihen in der Mitte des Flurs vorgehen.

Weitere Hinweise zum Öffnen der Türen: Das Aufbrechen mit der Schulter, wie es in Filmen immer wieder geschieht, kann zu ebenso tödlichen, wie komischen Zwischenfällen führen. Einmal kann es geschehen, daß der in voller Größe in der Mitte der Tür stehende Beamte erschossen wird oder ihm passiert, was einem Bekannten von mir geschah, der auf einen Hilferuf hin zu einer Wohnung eilte. Als er zum Anlauf ansetzte, um die Tür aufzusprengen und er gerade im Begriff war, auf das Hindernis zu prallen, wurde die Tür geöffnet. Der Zufall wollte es, daß eine gegenüberliegende Zimmertür auch offen war, und so flog der Polizist einer Kanonenkugel gleich, durch zwei Räume, wobei er alles Mobiliar, das ihm im Wege stand, zertrümmerte.

Beim Auftreten von Türen muß versucht werden, sich weitgehendst durch die vorhandene Wand zu decken. Wenn die Tür aufflíegt, ist es ratsam einen kurzen Moment abzuwarten. Jeder im Raum befindliche Verbrecher wird vermuten, daß der aufgehenden Tür ein Körper folgt, und deshalb sofort in diese Richtung schießen. Manchmal verschießt

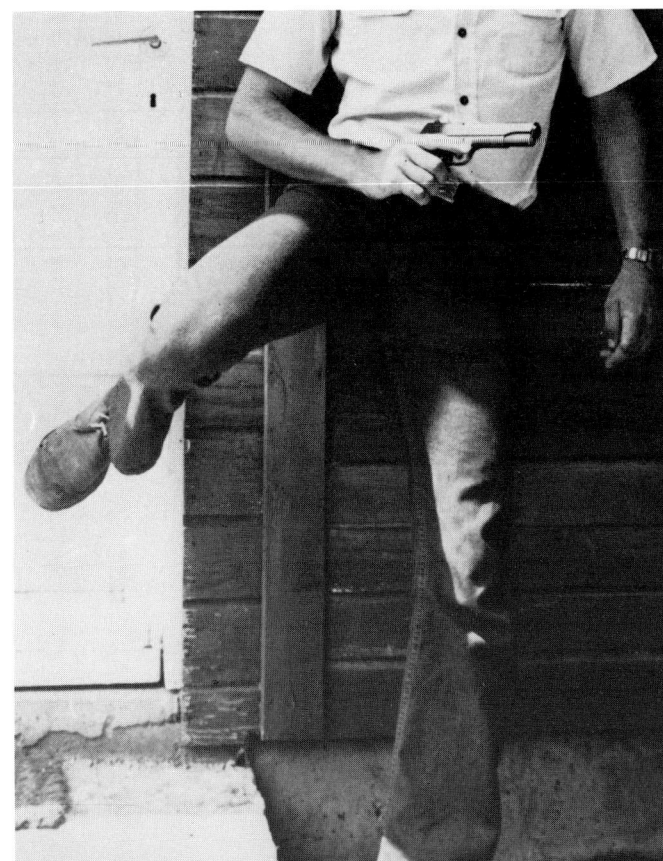

Richtige Position des Körpers beim gewaltsamen Öffnen einer Tür.

Vorarbeiten in einem Treppenhaus gehört zu den schwierigsten Momenten im Häuserkampf. B. folgt, das Gewehr in »High-Port« Haltung, Nr. A um die Ecke.

A und B sind auf der Treppe und sichern nach oben und in Richtung auf den Treppenabsatz, während C – nicht im Bild – jetzt den Hohlraum unter dem Treppenabsatz kontrolliert. Erst dann wird das Team, sich immer eng an der Wand haltend, die Treppe weiter besteigen.

der Eingeschlossene aus Nervosität sofort eine ganze Magazinladung und kann dann in der entstehenden Feuerpause festgenommen werden.

Besondere Maßnahmen sind durch die Einführung von Schutzschilden, die dem Beschuß durch Handfeuerwaffen standhalten, gegebenenfalls möglich: Diese fast mannshohen Schilde mit Schießscharte haben sich bei der Festnahme von Bewaffneten als äußerst praktisch erwiesen. Fast alle Kriminelle, die mit einem derart ausgerüsteten Beamten konfrontiert wurden, gaben sich geschlagen.

Eine der Hauptschwierigkeiten, die sich beim Bewegen in Häusern und Räumen aufdrängt, hängt mit der Länge von Sturmgewehren und Repetierflinten zusammen. In engen Korridoren und Zimmern fällt es schwer, die Waffe schnell in den horizontalen Anschlag zu bringen; Gewehrschützen sehen sich immer wieder gezwungen, das »lange Ding« in der High-Port-Haltung zu führen. Einige Dienststellen haben deshalb den Gebrauch von Maschinenpistolen gestattet. Andere haben den besseren Weg gewählt und die Swat-Männer mit Maschinenkarabinern versehen, die umklappbare Schulterstützen besitzen. Jedoch ist und bleibt die Faustfeuerwaffe gerade für das Gefecht »drinnen« die handlichste und am einfachsten zu führende Schußwaffe.

SCHUSSWAFFEN UND FAHRZEUGE

Schießen aus dem fahrenden Wagen durch den Fahrer wird in den seltensten Fällen vorkommen, ist aber praktikabel, wenn das Lenkrad durch Kniedruck gehalten wird.

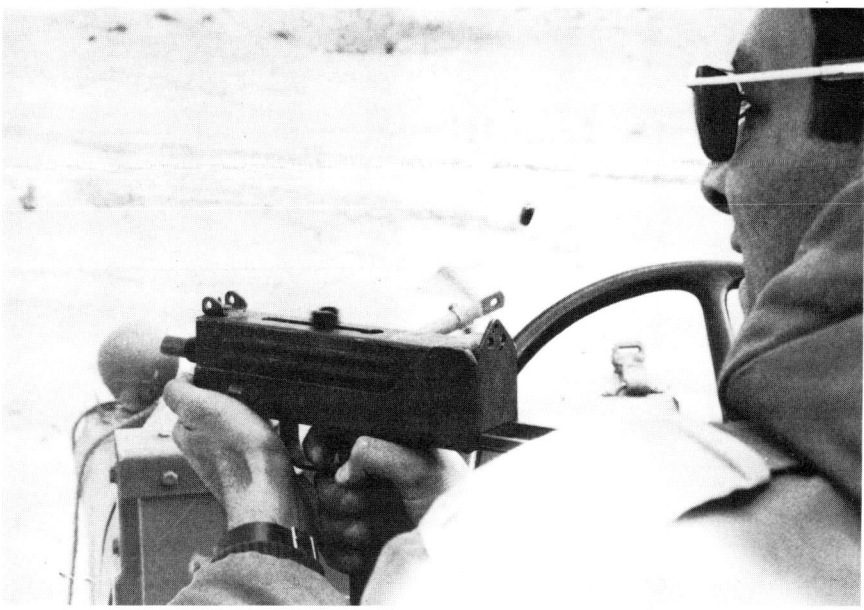

Eine der am meisten zitierten Thesen falschverstandener Populärpsychologie Freudschen Ursprungs bezeichnet sowohl Schußwaffen als auch Autos als Penisersatz des frustrierten, komplexbehafteten männlichen Wesens – daß auch Frauen am Schießsport Spaß haben können, bzw. gern Wagen fahren, verschweigt der »Wissenschaftler«, oder er sieht darin die Bestätigungsbeschäftigung des »Mannweibes«. Die Beziehung zwischen Auto und dem Führen von Schußwaffen liegt aber auf einer völlig anderen Ebene und bedarf wegen ihrer Häufigkeit und Sonderstellung einer eingehenden Erwähnung. Die meisten Polizisten unseres hochtechnisierten Zeitalters führen ihren Dienst vom Streifenwagen aus durch. Das Fahrzeug gehört zu ihren Arbeitsgeräten und ist darüber hinaus der Ort, in dem sie sich relativ sicher fühlen. Hier, verbunden mit ihren Kollegen über den Sprechfunk, überfällt sie ein Gefühl der Geborgenheit, das ihre Wachsamkeit etwas abflauen läßt. Ein Gefühl, das auch die meisten zivilen Autofahrer befällt, deren Fahrzeug zu einem Teil ihres Lebens und Lebensbereichs geworden ist, wie Haus und Wohnung.
Der Schein trügt jedoch, denn gerade im Fahrzeug ist der Waffenträger sehr unbeweglich und verwundbar. Eingeklemmt zwischen Sitz und Lenkrad, sitzt er oft halb auf seiner Pistole oder auf seinem Revolver (Hüftholster), und es dauert beträchtliche Zeit, bis er an seine Waffe herankommt oder sich selbst aus dem Fahrzeug herausgebracht hat. Zudem bietet die Karosserie fast keinen Schutz. Daher ist es nicht sehr verwunderlich, daß bei vielen Überfällen die Fahrer im Fahrzeug erschossen werden.
Spektakuläre Angriffe dieser Art geschahen zu Beginn der siebziger Jahre in Amerika, als Mitglieder einer terroristischen Bewegung der »Black Liberation Army«, ihren Kampf durch Überfälle auf Streifenpolizisten führten, die sie in ihren Fahrzeugen erschossen oder sogar erstachen.
Im Zuge dieser und anderer Erfahrungen wurden, z. B. bei der Staatspolizei von Michigan, Holster eingeführt, die vorn an der linken Hüfte getragen werden, um eine Behinderung beim Fahren auszuschließen und ein schnelles Ziehen der Waffe im Sitzen zu ermöglichen.
Man hatte erkannt, daß der Fahrersitz bei Angriffen, vor allen Dingen bei einem Hinterhalt (oft verbunden mit einer Straßensperre, der Grundform des Guerilla- und terroristischen Kampfes), zum letzten Sitzplatz in dieser Welt werden kann.
Die einzige Art, sein Leben zu retten, besteht darin, sich schnell aus

dem Auto in Deckung zu werfen. Zu diesem Zweck wurde eine Übung entwickelt, die davon ausgeht, daß bei einem Angriff immer in Höhe der Fensterscheiben geschossen wird, weil hier das Zielobjekt voll sichtbar ist.

Das »Ausbooten« vollzieht sich durch seitliches Herauswerfen und Abrollen des Körpers, wobei sich der Fahrer gegen die Tür wirft, die er mit der linken Hand öffnet und sich mit den Beinen von der Kardanwellenverkleidung oder vom Sitz abstößt.

Der Fall wird durch die linke Hand und Schulter abgefangen, während die rechte Hand die Waffe zieht (oder bei Langwaffen: mitnimmt) und der Körper sich sofort vom Fahrzeug wegrollt. Dieser Vorgang fordert etwas Rücksichtslosigkeit gegenüber dem eigenen Körper. Jedoch wird der Aufprall durch eine geschickte Abrollbewegung sehr gemildert (Prinzip der Judo-Rolle). Im übrigen dürfte eine lädierte Schulter immer einem durchlöcherten Körper vorzuziehen sein. Während eines großen Teiles dieses Bewegungsablaufes ist der Fahrer als Ziel für den Angreifer verschwunden und wird durch den Motorblock und die Wagentür gedeckt. In Bodennähe bieten Straßengraben, Rinnsteine und andere parkende Autos genug Deckung und der Angegriffene kann selbst zum Angriff übergehen, wie das auf den Bildern des Combatdurchganges gezeigt wird.

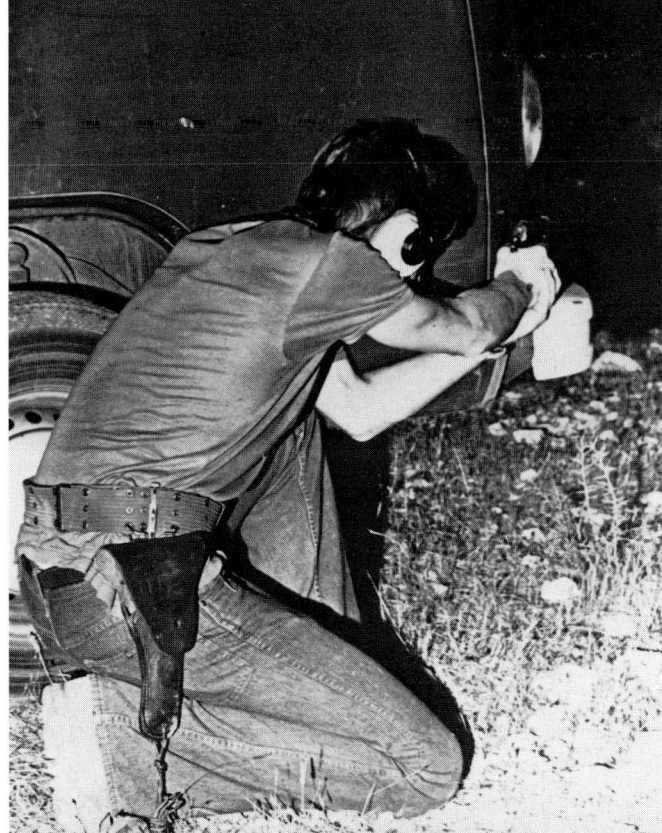

Zu einem Combatlehrgang gehört auch das Schießen aus der Deckung eines Fahrzeuges, das zwar nicht viel aber doch etwas Schutz bieten kann.

Seitliches Herausfallen aus dem Wagen und Angriff. Nachdem das erste (rechts stehende) Ziel als getroffen gilt, geht der Schütze im Zick-Zack zum Sturmangriff über.
Vom Halten des Wagens bis zum Erreichen des zweiten Ziels vergehen – mit Magazinwechsel – nicht mehr als 10 bis 15 Sekunden!

244

Das Schießen vom fahrenden Fahrzeug aus kommt im normalen nichtmilitärischen Bereich seltener vor, als man nach Hollywood-Filmen glauben könnte. In den wenigsten Fällen ist es Polizeibeamten möglich, während einer Verfolgungsjagd auf das flüchtende Auto zu feuern, ohne Unbeteiligte zu gefährden. Im Gelände ist es mitunter vorteilhaft auf das Wagendach oder auf die Ladepritsche zu springen, um durch den erhöhten Standpunkt zu einem günstigeren Schußwinkel zu kommen.

»Bracing« – Das Festhalten und Abstützen des Körpers beim Schuß aus dem Fahrzeug: Der Rücken ist gegen die hintere Fensterseite gelehnt, der linke Ellenbogen preßt sich gegen den vorderen Rahmenteil, der Körper ist so beim Fahren fast unbeweglich »eingeklemmt«.

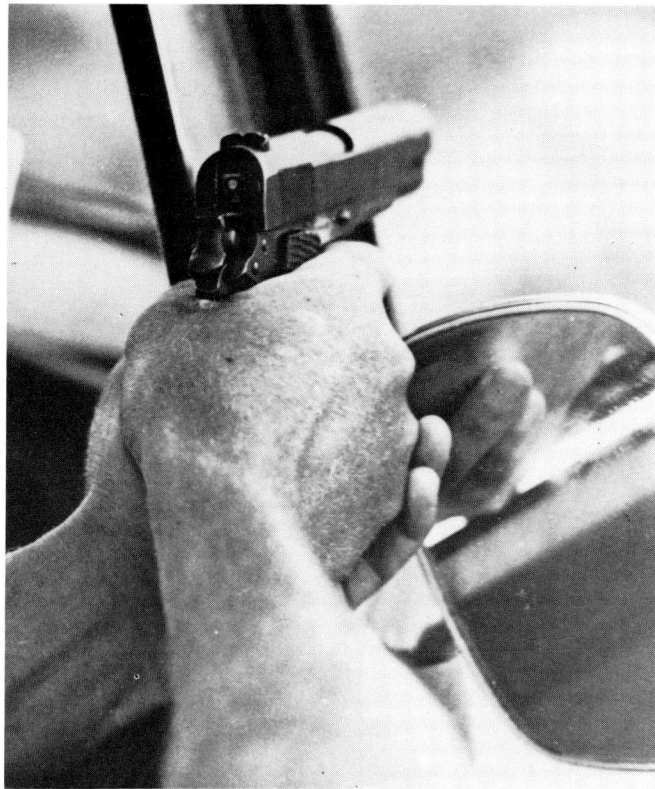

Handhaltung beim Pistolenschießen aus dem Fahrzeug. Der Raum zwischen Fensterrahmen und Rückspiegel wird als Auflage genutzt.

Zur Kontrolle von verdächtigen Fahrzeugen und deren Insassen sei hier am Rande noch das Verhalten amerikanischer High-Way-Polizisten erwähnt: Nachdem einige Beamte bei der Überprüfung von Personalien im Zuge eines Verkehrsdeliktes erschossen wurden, weil es sich in Wirklichkeit um gesuchte Kriminelle gehandelt hatte, nähern sich die Polizisten nur noch mit geöffneten Holstern und der rechten Hand auf dem Waffengriff, wenn sie an ein unbekanntes Auto herantreten. In einigen Staaten sitzt der zweite Streifenpolizist in der offenen Tür des Polizeiwagens, die eine Hand am Sprechfunkgerät, die andere Hand mit der Pistole gegen den Boden gerichtet, die Beine außerhalb des Gefährts, um im Notfall seinem Kollegen sofort Feuerschutz geben zu können.
Erinnert man sich an die Schießerei von Köln im Mai 1975, als ein Polizeibeamter erschossen und ein weiterer verletzt wurde, nachdem sich zwei Autoinsassen als Baader-Meinhof-Anarchisten entpuppten, so

erscheinen diese Vorsichtsregeln als sehr ernst zu nehmende Maßnahmen.

Langwaffen auf dem Hintersitz unterzubringen ist genauso unzweckmäßig wie zeitraubend. Selten ist die benötigte Zeit vorhanden, sich umzudrehen und das Gewehr oder die Flinte aus der Halterung zu nehmen. (Waffen sollten allgemein in Vorrichtungen befestigt sein, damit sie durch scharfes Bremsen nicht beschädigt oder im Innenraum herumgeworfen werden.)

Weitaus besser ist eine Halterung, die die Gewehre hinter dem Kopf des Fahrers, über der Rückenlehne der vorderen Sitzbank festhält, ähnlich wie es sie für amerikanische Kleintransporter gibt. (Mit etwas Geschick läßt sich ein solches Gestänge selbst anfertigen und anbringen.) Eine weitere Möglichkeit besteht noch zwischen den Vordersitzen oder für kurzläufige Waffen wie MPis oder kurzen Schrotflinten an der vorderen Seite des Fahrersitzes durch eine Klemmvorrichtung. Alle diese Halterungen sollten stabile Verschlußeinrichtungen haben, welche die Waffen vor Diebstahl schützen, wenn der Fahrer den Wagen verlassen muß. Faustfeuerwaffen im Handschuhfach aufzubewahren ist zwar eine weit verbreitete Unsitte, aber genauso unsinnig wie die Rücksitzablage. Zudem besteht hier die Tendenz, die Pistole oder den Revolver zu vergessen. Eine nicht kleine Anzahl von Waffendieben fand bereits ihre Beute im Handschuhfach oder auf der Armaturenbrettablage. Wer viel fahren muß und den Druck der Waffe im Sitzen als störend empfindet, sollte sich eine holsterähnliche Tasche an die Seite des Fahrersitzes annähen, in der er die Waffe ablegt. Ein bevorzugter Schauplatz für Überfälle sind Parkhäuser oder Parkplätze zur Einkaufs- und Geschäftszeit. Oft versteckten sich Eigentumsdelikttäter hinter oder zwischen parkenden Wagen, um im Moment des Ein- oder Aussteigens in Erscheinung zu treten. Die Rückspiegel eines jeden Autos bieten die Möglichkeit, die nähere Umgebung genau und unauffällig zu kontrollieren.

Einsatz-Situationen, und wie man ihnen begegnet

Die Waffendrohung: Stellen, kontrollieren und sichern von Verdächtigen und Angreifern.
Von der verständlichen Voraussetzung ausgehend, daß sich ein jeder scheut, Menschen umzubringen, ist es ratsam, sich damit zu befassen, wie man durch eine überzeugende Androhung von Waffengebrauch einen potentiellen Angreifer von der Durchführung seiner Absicht abschreckt. Beispiele aus der Praxis beweisen, daß eine rechtzeitige und richtig durchgeführte Waffendrohung Täter von der Zwecklosigkeit ihres Vorhabens überzeugen und somit Leben – auch das des Verbrechers – retten kann. In der Politik würde man dies als Abschreckung bezeichnen: die Kunst, beim Gegner Angst zu erzeugen.
Eine der Grundregeln für die Waffendrohung wurde schon erwähnt: den Verdächtigen oder Angreifer aus einer Deckung heraus anzusprechen, die Waffe gezielt im Anschlag, möglichst mit einer Deckung in Sprungweite in die man sich retten kann. Nicht immer ist eine Möglichkeit, die alle Alternativen erlaubt (Abwarten, Warnschuß, Schuß in die Beine, etc.), vorhanden. Dann muß die Körperhaltung, die gesamte Ausstrahlung des Waffenträgers aber so überzeugend wirken, als würde er wirklich beim geringsten Zögern des Angreifers, einer Aufforderung nachzukommen, schießen. Der Angreifer muß eingeschüchtert werden. Erreicht wird diese Wirkung indem man die Schußwaffe im beidhändigen Zielanschlag in Augenhöhe hält, so daß der Angreifer genau in das schwarze Loch der Mündung sieht. Je größer die Mündung, desto effektiver die Einschüchterung (Schrotflinte).
Claude Brown, ein ehemaliger Krimineller aus dem Farbigen-Ghetto Harlem, heute ein erfolgreicher Schriftsteller und Jurist, drückt diese Angst in seinem Buch »Manchild in the Promised Land«, in dem er seine Jugenderlebnisse in der New Yorker Unterwelt beschreibt, folgendermaßen aus:
»*Eine 45er – die legendäre »Fourty Five« – ist eine furchterregende*

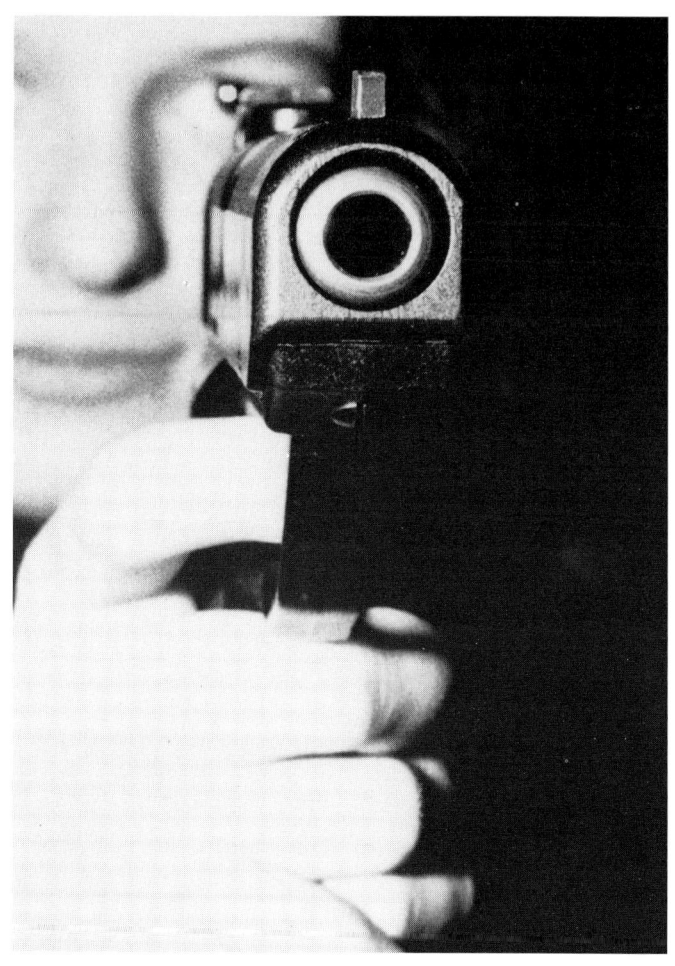

Das unangenehme Ende einer 9 mm Parabellum.

Sache, nicht nur, weil sie eine Schußwaffe ist; alle Schußwaffen sind furchterregend. Der Grund, der so schrecklich bei jeder Waffe ist, daß wenn man hineinblickt, man bewußt wird, daß da ein kleines schwarzes Loch ist, welches zu jeder Zeit Tod ausspucken und einem das Leben nehmen kann. Leute, die eine Kanone vorm Gesicht haben, geben ihr Geld in größter Eile ab, besonders Menschen, die schon einmal angeschossen wurden. Die meisten Straßenraub-Künstler wissen, daß, wenn sie jemanden eine Kanone ins Gesicht stecken und ihn in den Lauf blicken lassen, dies viel mehr Wirkung hat, als eine niedrig gehaltene Waffe. Eine .45 hat ein großes Mündungsloch. Eigentlich das größte Loch, in das ich je geblickt habe. Die großen Löcher sind

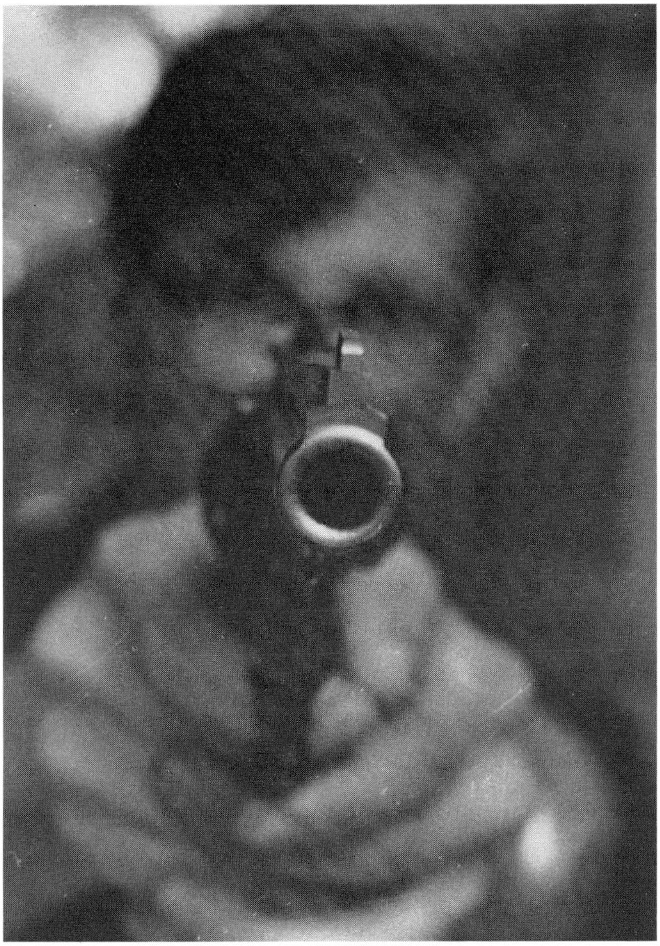

Die Mündung eines .45 Revolvers.

doppelt so furchterregend. Es ist, als ob etwas da rauskommen würde, das den ganzen Kopf wegblasen wird . . .
. . . man diskutiert nicht gegen eine .45er. Du kannst mit einer .22 spielen und diskutieren, oder vielleicht mit einer .32, aber dieser Nigger diskutierte gegen eine .45. Er mußte verrückt sein, total verückt . . .«[2]
Eine Waffendrohung kann noch intensiviert werden durch das hörbare Spannen des Hahnes oder das Klicken der Sicherung. Meistens sind es diese kleinen, sonst so unscheinbaren Geräusche, die den letzten Widerstand brechen.
Unterstützt wird die Drohung durch die Stimme des Waffenträgers, die den Gegner zusätzlich entnerven und ihn an der Konzentration

hindern soll, um Flucht- oder Widerstandsgedanken und Pläne nicht aufkommen zu lassen. Persönlich empfand ich das Heraus»bellen« einer schnellen, überlauten Kette von Befehlen am beängstigsten. Es entsteht der Eindruck, daß beim geringsten Nichtbefolgen der Schuß fast automatisch ausgelöst wird. Der dermaßen gestellte Angreifer kann oft keinen klaren Gedanken unter dieser Flut von einschüchternden Eindrücken fassen. Im Grunde begreift er nicht, was ihm geschieht. Eben war er noch Herr der Lage, hatte alle Trümpfe in der Hand, und plötzlich ist ihm die Initiative aus der Hand genommen, er wird herumgestoßen, gegen eine Mauer gestellt, fühlt für wenige Sekundenbruchteile den harten Stahl des Laufes hinter dem Ohr, wird angeschrien. Jemand tastet ihn ab, greift in seine intimen Körperbereiche, was ihn besonders nervös macht . . .

Der Übergang vom Stellen bis zum Absuchen des Angreifers nach weiteren Waffen muß schnell und unsanft geschehen – der Gegner muß neutralisiert werden, und das ist er erst, wenn er waffen- und wehrlos und gefesselt ist. Es darf ihm keine Zeit und Muße gelassen werden, über eventuelle Flucht- oder Angriffsmöglichkeiten nachzudenken. Zum Abtasten wird der Gestellte an eine Mauer oder an ein Fahrzeug postiert: Schräglage, Beine und Arme auseinandergebreitet, so wird diese Sicherungshaltung noch in den meisten Organisationen gelehrt. Sie soll verhindern, daß der Gefangene zur plötzlichen Gegenwehr schreiten kann. Sicher ist diese Position jedoch nicht. Deshalb wurden einige Verbesserungen eingeführt, die die volle Bewegungsunfähigkeit des Festgenommenen gewährleisten. In der gleichen Schräglage wird das rechte über das linke Bein gelegt und die rechte auf die linke Hand, so daß das volle Gewicht des Körpers nur vom linken Fuß und der linken Hand gehalten wird. Man nähert sich nun von der linken Seite zum Abtasten, das so sorgfältig wie möglich zu geschehen hat. Viele gewalttätige Kriminelle haben zusätzliche Waffen wie Derringer, Stiletts, Rasierklingen und andere Instrumente an den unwahrscheinlichsten Stellen versteckt, z. B. hinter Jackettaufschlägen, im Strumpf, auf dem Rücken, im Hosenbund oder Genick (eingenähte Scheide in der Jacke), in Unterarmholstern etc. Ein Black-Panther-Radikaler versteckte sogar einen Derringer in seinem nach Afro-Stil frisierten Haar. Um während des Absuchens vor unliebsamen Überraschungen bewahrt zu werden, bleibt man mit einem Bein immer in der Nähe der zusammengestellten Füße des Gefangenen, um ihm bei Gegenwehr die Beine wegschlagen und ihn zu Fall bringen zu können.

Alte Form der Stellung zum Absuchen: der Gefangene steht auf Zehenspitzen und ist nur durch die Fingerspitzen an die Mauer gelehnt.

Neue Form, der Gefangene hat den linken Fuß und die linke Hand über den rechten Fuß gekreuzt, er steht also nur auf einem Bein, und sein eigenes Körpergewicht lastet, via linke Hand, auf der rechten und preßt diese gegen die Mauer. Der Beamte tritt zum Absuchen von der rechten, belasteten Seite an den Körper und ist vor Überraschungen gesichert.

Sicherungslage vor dem Abtransport.

Ist keine Mauer vorhanden, gegen die man den Verdächtigen stellen kann, wird er mit dem Gesicht nach unten hingelegt. Die liegende Form bietet die beste Möglichkeit, Fluchtbewegungen frühzeitig zu erkennen. Sie eignet sich daher auch für die Sicherung des Gefangenen bis zum Abtransport. Ist ein Partner vorhanden, so übernimmt einer die Sicherung, während der zweite den Gefangenen absucht.
Ein sehr spektakuläres Thema ist der Warnschuß in die Luft. In der Vergangenheit gab es mehrere Fälle, in denen solch ein »senkrecht in die Luft« abgegebenes Geschoß Todesfälle herbeiführte. Als Beispiel sei Benno Ohnesorg, Juni 1967, Berlin, genannt. Jedes Geschoß, das in irgendeine Richtung abgefeuert wird, kommt irgendwo einmal an; Projektile von Warnschüssen, die in die Luft abgegeben wurden, lö-

sen sich nicht in dieser auf, sondern kommen wieder herunter. Ballistische Versuche haben ergeben, daß Gewehrprojektile durchaus noch die Kraft haben können, bei ihrem Auftreffen tödliche Verletzungen zu verursachen. Verschiedene Polizeidienststellen in den USA haben aus diesem Grunde den Warnschuß völlig untersagt, während andere Departements ihn erlauben und verhältnismäßig gute Erfahrungen damit gemacht haben. Oft konnte ein weiterer (eventuell tödlicher) Dienstwaffengebrauch vermieden werden. Die Frage nach der Zweckmäßigkeit des Warnschusses bleibt daher weiter umstritten; jedoch muß ein Warnschuß in Räumen und engen Straßen, oder bei Zwischenfällen inmitten einer Menschenmenge unbedingt unterbleiben. Wie in vielen Bereichen des Schußwaffengebrauchs sollte man hier die Entscheidung dem Waffenträger überlassen, vorausgesetzt er ist über die ballistischen Konsequenzen unterrichtet. Richtlinien und Gesetze, die am Schreibtisch entworfen wurden, können kaum Lösungen bieten.

Spezialisten für besondere Aufgaben: Scharfschützen, SWAT-Teams, Sicherheitsbeamte

Zunehmende Höchstkriminalität und politische Gewalttätigkeit zwangen die Innenministerien der meisten westlichen Industriestaaten der Aufstellung besonderer Polizeiabteilungen oder Sicherungsgruppen zur Bekämpfung dieser Erscheinungen zuzustimmen. Richtungsweisend auf diesem Gebiet war die Entwicklung in den amerikanischen Großstädten, die aufgrund ihrer sozialen Schwierigkeiten und hohen Populationsraten als erste mit diesen Problemen konfrontiert wurden. Die Verlagerung lokaler politischer Konflikte auf die internationale Ebene in Form von terroristischen Feuerüberfällen, Geiselnahmen und Flugzeugentführungen tat ein übriges, um die europäischen Staaten erkennen zu lassen, daß herkömmliche Mittel der Verbrechensbekämpfung hier nicht mehr ausreichen, und so entstanden, auch in Deutschland, spezielle Einsatzgruppen zur Verhinderung und Abwehr solcher Zwischenfälle. Teils aus Unkenntnis, teils aus bürokratischer Kurzsichtigkeit wurden bereits gemachte Erfahrungen anderer Staaten dabei außer acht gelassen. Jeder Staat und jedes Bundesland ging daran in schönster pluralistisch-nationaler Tradition seine Einheiten aufzustellen und auszurüsten. Dabei wurden Fehler gemacht, die tödliche Folge hatten und bei rechtzeitigem Studium der internationalen Geschichte der Verbrechens- und Terrorbekämpfung hätten vermieden werden können.

Einige Polizeiorganisationen, auch in Deutschland, sind daran gegangen, für ihre Scharfschützen, auch Präzisionsschützen genannt, separate Einheiten aufzustellen und sie unabhängig von anderen Spezialgruppen trainieren und arbeiten zu lassen. In dieser Form ist die beste Gruppierung durch ein Team von zwei Schützen und einem Beobachter erreicht. Diese Aufstellung ergibt sich aus der notwendigen Arbeitsweise bei der Erfüllung der verschiedenen Aufgaben, die den Einsatz von Scharfschützen erfordern. Neben der Geiselnahme und der Abwehr und Neutralisierung der Geiselnehmer gibt es den weitaus größeren Bereich der Sicherung sowie der Anti-Heckenschützen-Aktion (engl. »counter-sniper-activity«). Das kann von der Neutralisierung eines einzelnen psychopathischen Schützen bis hin zur präventiven Sicherung bei Staatsbesuchen oder Demonstrationen reichen. Besonders bei aufruhrartigen Gewaltakten, die oft von Brandstiftungen, Plünderungen und Schießereien begleitet werden (Detroit, Chicago und Nordirland), ist es unerläßlich, die Einsatzkräfte der Ordnungsmacht, wie Feuerwehr, Sanitäter und Polizeigruppen, durch Scharfschützen-Teams zu decken, die im Notfall Heckenschützen lokalisieren und an der Ausübung ihrer Tätigkeit hindern können. Auch bei der Sicherung von Flugplätzen und Landebahnen gegen Raketen-Attentäter (z. B. Orly, 21. 1. 75) können bereitstehende Teams, auf Türmen und anderen hochgelegenen Punkten postiert, schnellste Gegenwehr leisten.

Neben ihrer offensiven Funktion nehmen diese Teams aufgrund ihrer Ausrüstung und Position kontrollierende und beobachtende Aufgaben wahr. Sie sind die Augen der Einsatzleitung, von der allein sie den Befehl zum Schießen erhalten. Eigenmächtiges Handeln eines Schützen oder einer Gruppe ist nur in Ausnahmefällen statthaft. Um überhaupt wirksam zu sein, muß das Team laufend mit der Einsatzleitung in Verbindung stehen. Der drahtlose Sender/Empfänger wird vom Beobachter des Teams bedient, der die jeweiligen Informationen an die Zentral weitergibt und die beiden ihm unterstehenden Schützen von den empfangenen Angaben unterrichtet. Dadurch können sich die beiden Schützen voll auf die Beobachtung und Zielerfassung konzentrieren, während die gesamte Kommunikation ihrem dritten Mann obliegt, der gleichzeitig dem Team als »Rückendeckung« dient.

Früher bestanden Scharfschützen-Teams nur aus zwei Personen: einem Schützen und einem Beobachter. Jedoch zeigte die Praxis, daß es viel sicherer ist, das Feuer zweier Schützen auf *ein* Ziel zu konzentrieren, um Fehlleistungen wie z. B. in Fürstenfeldbruck zu verhindern. Die Befreiung von Geiseln durch den Einsatz von Scharfschützen ist nur möglich, wenn die Funktion der einzelnen Teams koordiniert und zentral befehligt wird. Das heißt, daß nur eine Führung, die die gesamte Sachlage überschaut, den Zeitpunkt des Eingreifens bestimmen kann. Die Entscheidung, wann der richtige Augenblick zum Schießen gekommen ist, liegt außerhalb des Ermessens der einzelnen Präzisionsschützen oder Teamleiter, die von ihrem Standpunkt aus nur einen Teil des Geschehens überblicken und beurteilen können. Fürstenfeldbruck zeigt in erschreckender Weise, was passiert, wenn der Einsatz zu einem falschen Zeitpunkt erfolgt. Bei jedem Geiseldrama kommt einmal der Moment, in dem die Attentäter dem Zugriff der Sicherheitskräfte ausgeliefert sind, z. B. durch das gleichzeitige Erscheinen an verschiedenen Fenstern, oder beim Verlassen eines Gebäudes. Laufen dann alle Fäden bei der Einsatzleitung zusammen (indem die jeweiligen Teams ihre freien Schußsituationen mitteilen), kann eine Geiselbefreiung glücken, ohne daß die Gefährdeten zu Schaden kommen. Dieser Vorgang erfordert ein überdurchschnittlich gutes Zusammenspiel der einzelnen Sicherheitskräfte mit der Kommando-Zentrale. Bei der Ausrüstung und Ausbildung müssen diese Punkte beachtet werden: Präzisionsschützen müssen sich durch Ausdauer, Disziplin und das Vermögen, extremen Streß durchzustehen, auszeichnen.

Oft wird dem Eingreifen der Spezialgruppen eine lange, oft mehr als 12-stündige Wartedauer vorausgehen, während der die Konzentration der Schützen und Beobachter nicht ermüden darf. Die Ausrüstung sollte derart konzipiert sein, daß sie den schwierigen Umständen angemessen ist, sie aber nicht durch Unbequemlichkeiten verschlechtert (Schießjacken, Ellbogenschützer, Liegematten, leichte Kleidung etc.).

Ein Schwerpunkt der Ausbildung muß auf Tarnung und Deckung gelegt werden, da ihre Wirksamkeit oft nur auf den Effekt der Überraschung beruht (in diesem Zusammenhang ist z. B. die Verwendung von Schalldämpfern zu berücksichtigen). Die Positionen der Teams, vor allem bei der Sicherung von VIP's, Staatsbesuchen oder anderen Anlässen, darf für Unbefugte nicht erkennbar sein, um Attentätern nicht die Möglichkeit zu geben, ihre Aktionen darauf abzustimmen und Lücken in der Sicherung zu finden. Geiselnehmer, die die Position der Beamten erkennen, werden sich verständlicherweise immer so bewegen, daß sie durch ihre Gefangenen gedeckt sind. Statt Schützen direkt am Fenster zu postieren, wo Silhouette und vorgeschobener Waffenlauf ihre Anwesenheit verraten, ist es weitaus angebrachter, sie im Innern der Zimmer, hinter halbgeöffneten Fenstern und Vorhängen aufzustellen.

SWAT-TEAMS: AUFBAU UND ARBEITSWEISE

Anders als in dem vorher Beschriebenen ist man in einigen amerikanischen Städten bei der Einrichtung von SWAT-Einsatzgruppen vorgegangen: Statt reine Präzisionsschützenteams aufzubauen, hat man pro Dreierteam je einen Scharfschützen integriert. Dies ist dem offensiven Charakter der amerikanischen Einsatzweise besser angepaßt, denn nun kann jedes Team, wenn sich die Notwendigkeit ergibt, von seinem Standpunkt aus in die Gebäude eindringen, wobei der Scharfschütze die Funktion des nach rückwärts sichernden dritten Mannes (»back-up«) übernimmt. Entsprechend ist auch die Bewaffnung der Dreiergruppe ausgewählt. Nr. 1, der Führer der Gruppe, ist mit einer automatischen Waffe ausgerüstet, da er als erster in Gebäude und Zimmer eindringen muß. Die Waffe hat zumeist das Kaliber .223, das wegen seiner Schockwirkung und wegen seines leichten Gewichtes beliebt ist. Bei den meisten amerikanischen Einsatzgruppen wird das M16 oder das Armalite AR-180 verwendet, das sich besonders wegen seines Klappschaftes zur Bewegung in Räumen und engen Verhältnissen eignet. Der Gruppenführer trägt das Funkgerät, um ohne Verzögerung die Befehle der Einsatzleitung empfangen und ihre Ausführung an sein Team weiterleiten zu können. Es handelt sich dabei um kleine, am Gürtel tragbare Walkie-Talkies.
Schütze *Nr. 2* führt ebenfalls eine automatische Waffe im Kaliber .223, oder eine Schrotflinte. High Standards Modell 10B ist eine der zur Zeit besten Waffen für diese Aufgaben.
Nr. 3, der Scharfschütze, führt sein Zielfernrohrgewehr (in den USA zumeist das Remington 700, das auch bei den US-Marines eingeführt ist, oder Winchester Modell 70).
Diese Waffen werden oft durch Büchsenmacher »akkuratisiert«, indem der Lauf freischwebend gehalten wird und die Systeme in den Schaft mit Glasfiber-Verbindungen eingebettet werden. Die Anforderung, die an diese Waffen gestellt werden, liegt bei einem Streukreis von 2,5 cm auf 100 Meter Schußentfernung. Jeder Beamte trägt seine individuelle Handfeuerwaffe, zumeist .357. Magnum Revolver oder .45 Automatic und ist mit geschoßabweisender Weste und Helm ausgerüstet.
Daneben werden Gasmasken, Taschenlampen, Messer und Drahtscheren (zum Durchschneiden von Sprengkabeln), Feldstecher und Verbandszeug am Körper getragen. Die Beamten der Sonderkom-

Schützenpanzerwagen des BGS.

mandos müssen während ihrer Ausbildung lernen, sich mit mehr als 20 kg Waffen- und Ausrüstungsgewicht schnell und unbehindert zu bewegen.

Die Ausbildung konzentriert sich auf die Bekämpfung von Höchstkriminalität, die den Einsatz von Waffengewalt erfordert. Dabei werden Fälle und tatsächliche Vorkommnisse aus der Verbrechensrealität »nachgespielt«, um zu den bestmöglichen Lösungen zu gelangen. Schwerpunkte liegen auf der Schießpraxis, der waffenlosen Selbstverteidigung, dem Umgang mit Sprengstoffen und der Aufruhr-Kontrolle.

Eine Besonderheit der amerikanischen Polizeipraxis sei hier erwähnt, die z. B. in Los Angeles von der SWAT-Abteilung durchgeführt wird, in anderen Staaten z. B. New York durch Spezialgruppen: Stake-Out. Wiederholte Überfälle auf Läden und Banken während der Geschäftszeit zwangen die Polizei, in diese Geschäfte Zwei-Mann-Hinterhalte zu legen, um die Bedrohung durch die mit Waffengewalt arbeitenden

Verbrecher zu unterbinden. Dieser Vorgang wird Stake-Out genannt: Nach Überprüfung der vorhandenen Gegebenheiten (unter besonderer Berücksichtigung der Sicherheit von Passanten bei einem eventuellen Schußwechsel) werden zwei Beamte in einem Hinterraum des Geschäftes postiert, von wo sie den Verkaufsraum durch ein Spiegelfenster oder Guckloch unter Beobachtung haben. Oft muß die Stake-Out-Gruppe tagelang in ihrem Versteck verharren, bis wieder ein Verbrechen geschieht. Oft aber wiederholen sich die Überfälle in »schöner« Gleichmäßigkeit. Aus New York wurden Zwischenfälle berichtet, bei denen der gleiche Täter bis zu sechs Mal dasselbe Geschäft heimgesucht hatte. Im Versteck lösen sich die Polizisten bei der Beobachtung ab, da diese Tätigkeit (die während der gesamten Ladenöffnungszeit erfolgen muß) höchste Konzentration erfordert. Die Anzeichen, daß ein Überfall im Gange ist, sind oft gering und fast unbemerkbar. Die Polizisten treten dann erst in Aktion, wenn sie glauben, daß die geringste Gefährdung Unbeteiligter erreicht ist. Dem Anruf »Nicht bewegen, Polizei!« folgt der Schuß, falls der Täter Anstalten macht seine Waffe zu benutzen. Die Beamten tragen schußsichere Westen mit der Aufschrift »Polizei«, ihre Dienstmützen und Uniformen, um jeden Zweifel an ihrer Legalität auszuschließen. Ihre primäre Waffe ist die mit Slugs geladene Schrotflinte, die auf diese kurze Entfernung absolut neutralisierende Wirkung hat.

Der Schußwaffengebrauch erfolgt nur dann, wenn das Leben von Beamten oder Unbeteiligten gefährdet ist. In allen anderen Fällen (wie z. B. bei Überfällen mit Messern, Schlagringen etc.) versuchen die Beamten, den Angreifer durch Waffendrohung oder durch Anwendung von waffenlosem Kampf (Karate, Jiu-Jitsu, etc.) zur Aufgabe zu zwingen.

Eine Statistik des New Yorker Polizei-Departments, das im März 68 eine eigene Stake-Out-Abteilung einrichtete, veranschaulicht in deutlicher Weise die Effizienz dieser Gruppe:

Im Zeitraum von Mai 68 bis Dezember 72 ergingen an die Abteilung 212 Anfragen von Geschäftsinhabern nach Schutz,

    182 Hinterhalte wurden gelegt

    30 Anfragen wurden wegen der lokalen Verhältnisse, oder wegen Nichtberechtigung abgelehnt;

Die Resultate:

    24 bewaffnete Täter getötet,

    19 verletzt,

    53 Gefangennahmen.

Kein Polizist und kein Unbeteiligter wurde verletzt oder getötet, obwohl es in einigen Fällen zum Schußwechsel kam. Einige Beamten wurden nur durch ihre schnelle Reaktion oder ihre schußsicheren Westen vor Verletzungen bewahrt.[5]

Die immer häufiger gewordenen Flugzeugentführungen haben verschiedene Staaten und Fluggesellschaften veranlaßt, ihre Maschinen durch besonders ausgebildete und bewaffnete Begleiter, die Sky-Marshals, während des Fluges bewachen zu lassen. Diese Männer sollen durch überraschendes und entschiedenes Eingreifen Entführungen schon in ihrem Beginn vereiteln. Ihre Aufgabe wird erschwert durch die Tatsache, daß eine einzige verirrte Kugel wichtige, für die Funktion des Flugzeuges notwendige Leitungen oder Kabel zerstören kann oder daß ein Druckabfall durch Durchschlagen der Bordwand entstehen kann. Lediglich .22 Hollow-Point-Geschosse oder die sogenannte Short-Stop (mit Bleischrot gefüllter Leinenbeutel) .38 Munition gestatten die Aktion dieser Spezialisten während des Fluges. Beide Munitionsarten können aber eine vollständige Neutralisierung des Angreifers nicht garantieren, und so bleibt der Einsatz dieser Sicherheitsbeamten weiterhin gefährlich und verlangt eine überdurchschnittlich gute Schießausbildung, um im Notfall Kopf und zentrale Rumpftreffer zu gewährleisten.

Die andere Alternative zum Schutz von Flugzeugen verdeutlicht eher die Korrumpierung unserer Gesellschaft im Angesicht des Terrors: 1971 gelangten detaillierte Berichte an die Öffentlichkeit, die bewiesen, daß mehrere internationale Fluglinien Millionenbeträge an Terrororganisationen bezahlten, damit ihre Maschinen nicht entführt würden.

Die zusätzlichen verschärften Kontrollen garantieren nicht, daß Attentäter mitsamt ihrem »Handwerkszeug« am Betreten von Flugzeugen gehindert werden können.

Das wirksamste Gegenmittel gegen internationalen Terrorismus, die internationale Verurteilung und Zusammenarbeit aller freien Staaten bei seiner Bekämpfung, ist bisher noch aufgrund nationaler Kurzsichtigkeit ausgeblieben. Trotz wiederholter Forderungen der Pilotenvereinigungen nach schärferer Bestrafung und Verfolgung von Flugzeugentführern sieht die Zukunft der Luftfahrt in dieser Hinsicht recht schwarz aus.

DIE BENUTZUNG VON SPEZIALGERÄT UND ANDEREN HILFSMITTELN BEI DER BEKÄMPFUNG VON TERRORISTEN UND HÖCHSTKRIMINALITÄT

Die Anwendung besonderer Geräte oder Fahrzeuge kann sich oft als rettende Hilfe in verfahrenen Situationen wie Geiselnahmen, Hausbesetzungen, Verbarrikadierung oder Aufruhr erweisen. Einige dieser Mittel, z. B. Wasserwerfer oder Tränengas, hatten in der Vergangenheit großen Erfolg bei Unruhen, so daß sie nun fast als Allheilmittel für jede Demonstration eingesetzt werden. Ihr Einsatz provozierte häufig erst eine Eskalation der Gewalt, ein Aufbrechen von Emotionen und die daraus folgende Schädigung von Leben, Gesundheit oder Sachwerten. Tränengas und Wasserwerfer gehören zu den offensiven Mitteln polizeilicher Exekutivgewalt, welche die Anwendung tödlicher oder direkter Gewalt verhindern sollen.

Bei Geiselnahmen, der Verbarrikadierung einer Gruppe in einem Gebäude oder ähnlichen Zwischenfällen kann Tränengas in den seltensten Fällen den Widerstand politischer oder krimineller Täter brechen, jedoch ist es angebracht, um die Verbrecher kurz vor Gewalttaten abzulenken, sie zu verwirren und sie in ihrer Abwehrbereitschaft und ihre Sehvermögen zu schwächen. Einen ähnlichen Zweck ver-

Geräte der Firma Smith & Wesson für die Beherrschung von Demonstrationen. Gashandgranaten, Vernebelungsgerät »Pepper Fog« und Granatgerät zum Verschießen von Tränengas und Rauchgranaten.

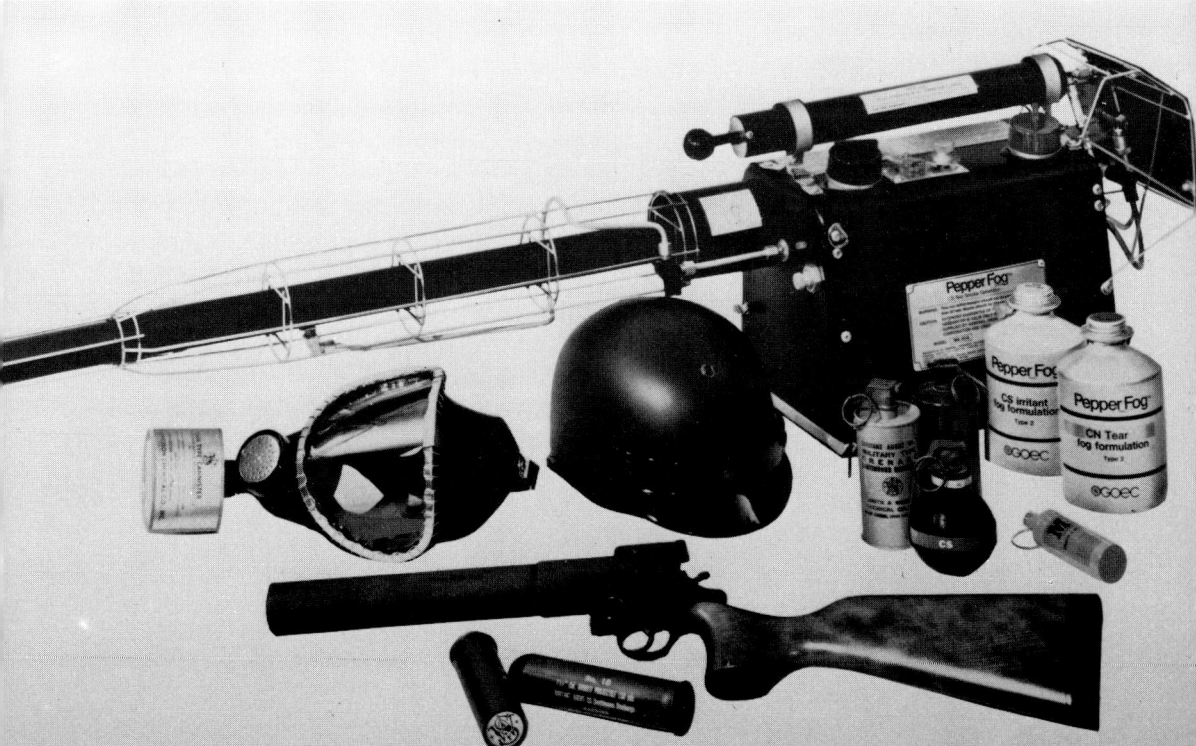

folgt eine weniger erprobte, aber überlegenswerte Taktik, nämlich das Gebäude oder die Gruppe der Geiselnehmer mit ihren Opfern beim Verlassen ihrer Zuflucht mit leistungsfähigen Scheinwerfern (Flak-Scheinwerfer) von allen Seiten und überraschend anzustrahlen. Der Blendeffekt und die damit verbundene Irritierung (die allerdings oft auch nur wenige Sekunden anhalten kann) sind von der mit besonderen Brillen geschützten Angriffstruppe auszunutzen, um die Gewalttäter zu überwältigen. Im Schutze dieser »Licht-Bombardierung«, die natürlich nur bei Dunkelheit Erfolg zeitigen kann, wird es den Beamten gelingen, fast ungehindert durch Fenster und Türen einzudringen, weil sich jeder im Haus befindliche Posten der Terroristen instinktiv beim Aufblenden der Scheinwerfer von Fenstern und Türen zurückziehen wird, um nicht geblendet und nicht gesehen zu werden. Besondere Lichtstärken und -farben können einen durchdringenden, jedoch ungefährlichen Schmerzeffekt hervorrufen, der jeden Angestrahlten zwingt, die Augen zu schließen und sie noch zusätzlich durch Vorhalten der Arme oder Hände zu schützen.

Die angreifenden Beamten werden für die geblendeten Terroristen die gezwungen sind, direkt in die Lichtquellen zu blicken, nahezu unsichtbar sein. Diese Taktik wurde mit großem Erfolg bei der Angriffseröffnung des Sturmes auf Berlin durch die Rote Armee in der letzten Phase des II. Weltkrieges angewendet.

Eine Ausleuchtung des Geländes muß aber so erfolgen, daß keine Schlagschatten entstehen, in denen sich eventuell flüchtende Täter verbergen können. Zusätzlich zu dieser »Lichtwerfer-Gruppe« kann die Konzentration noch durch Scheinwerfer verstärkt werden, die aus der Luft von Hubschraubern aus bedient werden. Schon das Landelicht eines Helikopters ist außergewöhnlich wirksam. Es kann im offenen Gelände zur Suche benutzt werden. Fast jede größere Polizeidienststelle besitzt heute ein oder mehrere gepanzerte Fahrzeuge, sogenannte Schützenpanzerwagen. Sie finden in Deutschland zum Beispiel Verwendung bei der Absicherung von Flughäfen. Jedoch sind sie häufig nicht mit Maschinengewehren bestückt. Der Spw bietet gute Feuermöglichkeiten mit dem auf einer Ringlafette montierten MG. Erst mit Hilfe dieser starren Befestigung ist das präzise Schießen mit hohen Feuerkadenzen möglich. Bei verschiedenen Aktionen palästinensischer Terroristen wurden startende oder laufende Passagierflugzeuge von den Flugplatzbereichen aus beschossen (Zürich/Kloten, Paris/Orly, etc.). Der Spw kann hier wirksame Gegenwehr leisten, indem er auf die Stellungen der Terroristen zufährt, sie mit seinem Turm-MG unter Feuer nimmt und eine Bereitschaftsgruppe in seinem Innern schnell und gut geschützt direkt an den Schauplatz des Geschehens bringt. Er kann außerdem Feuerschutz für eine vorgehende Einsatzgruppe geben. Das MG ist dafür die geeignete Waffe aufgrund seiner enormen Feuerkraft (ca. 1000–1200 Schuß/min.) Es kann diese Aufgabe aber nur dann erfüllen, wenn es von einer eingefahrenen Bedienungsmannschaft, bestehend aus dem Richtschützen und dem Ladeschützen gehandhabt wird. Die vornehmliche Aufgabe der Nr. 2 eines solchen Teams in der beschriebenen Situation ist es, während der ganzen Zeit den Strom von gegurteter Munition nicht versiegen zu lassen.

Die Gefahr eines solchen Unternehmens besteht in der Bewaffnung der Terroristengruppe, die in der letzten Zeit in zunehmenden Maße neben ihren Handfeuerwaffen panzerbrechende Raketen verwendet haben. Sowohl die sowjetische RPG-7 als auch die Boden-Luft-Rakete vom Typ »Strella« (sowjetische Sam 7) oder die amerikanische

Schutzhelm und Flakweste aus Glasfiberlagen sind heute integraler Bestandteil jeder amerikanischen SWAT-Gruppen Ausrüstung.

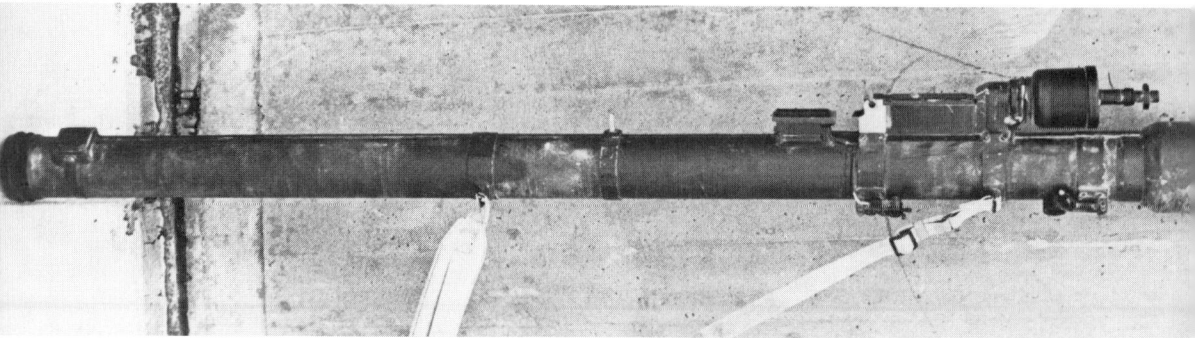

Die tragbare russische Fla-Rakete Sam 7, genannt »Strella«, Länge: 180 cm.

»Redeye« können eine ernsthafte Bedrohung für einen attackierenden Schützenwagen bilden. In diesem Falle sollte die im Wagen transportierte Gruppe während der Fahrt bei entsprechender Geschwindigkeit abspringen, sich in Schützenkette, weit auseinandergezogen rechts und links des Fahrzeuges entfalten und schießend im Laufschritt vorgehen, sobald sich das Einsatzfahrzeug der Feuerstellung der Terroristen auf 100 bis 150 Meter genähert hat. Der akute Gefahrenbereich einer Bazooka des Typs RPG-2 oder RPG-7 liegt unter 200 Meter, weil erst hier die Trefferwahrscheinlichkeit ausreichend wird. Die Wahrscheinlichkeit, daß fanatische, politische Gruppen panzerbrechende Waffen einsetzt, ist in den letzten Jahren enorm gestiegen, nachdem bei Einbrüchen und Waffendiebstählen in Depots der NATO solche oder ähnliche Waffen in größerer Anzahl gestohlen wurden. Geheimdienstberichten zufolge gelangten Ende 1973 tragbare Ein-Mann-Raketen vom Typ Sam-7 als Diplomatengepäck nach Europa und wurden z. B. in Paris auf dem schwarzen Markt interessierten Gruppen angeboten. Die Gefahr, die durch diese Raketen entsteht, ist nicht absehbar. Praktisch könnte irgendein Attentäter oder Psychopath (das eine schließt das andere nicht aus) auf einem Dach inmitten einer Großstadt stehen und mit einer solchen Rakete eine im Landeflug befindliche Maschine herunterholen. Hiergegen gibt es nur wenige Abwehrmaßnahmen die noch dazu unzureichend sind, weil diese Raketen mit einem Infrarot-Sensorkopf-System arbeiten, das sich auf die Motorenhitze eines Flugzeuges einsteuert. Speziell für die Bekämpfung tieffliegender Jagdbomber mit Überschallgeschwindigkeit entwickelt, sind diese Raketen mit ihrer Reichweite von 2—3 Meilen völlig unempfindlich gegenüber elektronischen Störmaßnahmen. Ein Passagierflugzeug wäre für diese Waffe ein leichtes Ziel. Der Hubschrauber bietet für diese oder andere Notlagen die ideale Abhilfe und könnte, sofern überhaupt rechtzeitig erkennbar, die Bekämpfung des Raketenschützen oder die Abwehr gegen die Rakete durch den Abwurf von »Wärmeballons«[4] übernehmen.

Der Hubschrauber kann Scharfschützen oder andere Einsatzteams bis nahezu an den Einsatzort bringen, entweder durch Absetzen am Boden oder durch Abseilen aus dem Schweben. Geiselbefreiungen können durch Landung auf Dächern und anschließendem Eindringen in das Gebäude von oben erreicht werden.

Panzerwagen und Schutzschilde sind über die schon genannten Möglichkeiten hinaus dazu prädestiniert, Verwundete im Feuer zu bergen, wie z. B. in Texas, wo sich ein geistesgestörter Heckenschütze auf einem Turm mitten in Dallas verschanzte und 7 Passanten erschoß.

Sie sind darüber hinaus auch beim Passieren eines eingesehenen Streifens während der Bekämpfung von Verbrechern dienlich. So gibt es noch weitere Sicherungsmittel. Es wäre begrüßenswert, wenn finanzielle Mittel zur Erforschung von derartigen Möglichkeiten bereitgestellt würden, wie auf der Tagung der Gewerkschaft der Polizei im April 75 gefordert.

Aber es sind meist nicht nur die besten Waffen und die neuesten Ausrüstungen, die den Erfolg sichern. Vielmehr ist die volle Ausnützung der vorhandenen Möglichkeiten, die Bereitschaft um- und neuzudenken, eine gute Ausbildung der Exekutivkräfte und klare, unzweideutige Bestimmungen und Anweisungen von größter Wichtigkeit, damit Versagen und Tragödien wie in Fürstenfeldbruck oder in der Prinzregentenstraße nicht wieder vorkommen. Jedoch gehört dazu auch die Fähigkeit, stets neu aus Fehlern und Erfahrungen zu lernen.

Anhang

Erklärung zu den wichtigsten im Text benützten, ausländischen Begriffen:

accidential discharge (AD)	das unbeabsichtigte Auslösen eines Schusses
ambush trail	Hinterhaltspfad, Übungsstrecke für Nahkampfentfernungen
automatic	automatische, selbstladende Waffe
burst	Feuerstoß
bracing	abstützen oder festhalten des eigenen Körpers
clip	das Magazin einer Waffe, das abnehmbar ist, aber auch Ladestreifen
cook-off	das Explodieren einer Patrone im erhitzten Patronenlager
combat conversion	Veränderung an einer Serienwaffe um sie individuell auf das Combatschießen zuzuschneidern.
combat crouch	die leicht eingehockte Idealhaltung beim Combatschießen
cross draw	Ziehen einer Waffe mit der rechten Hand von der linken Hüfte oder umgekehrt
crossed ankle	gekreuzte Knöchel, besondere sitzende Schießhaltung
double action (DA)	das Abzugssystem, bei dem der Hammer durch Druck auf den Abzug nach hinten gebracht wird und bei Erreichen dieser Position frei wird und die Patrone zündet

Fanning	Zurückreißen des Hammers mit der linken Handfläche beim Colt SAA
High-Port	Langwaffe wird quer vor dem Körper gehalten; Trageweise für Aktionsbereitschaft
Hi-Speed	Hochgeschwindigkeitspatronen
hit the deck!	auf den Boden werfen, englischer Ausruf für Deckung
hollow point	Hohlspitzgeschosse
Laborierung	Pulverladung, Treibladung
riot-(control)	Aufruhr-(kontrolle)
Slugs	Flintenlauf-Geschosse

Bibliographie

Waffen:
Infantry Weapons, John Weeks Pan/Ballantine London 1972.
Military Small Arms of the Twentieth Century, Ian Hogg-John Weeks, Northfield, Ill. 1973.
Small Arms of the World, Smith & Smith, Harrisburg 1966.

Ausrüstung und Holster, Griffe:
Law Enforcement Handgun Digest, Grennel, Williams, Northfield 1973
Mit gebremster Gewalt, H. J. Stammel, Stuttgart 74.

Ballistik:
Schußwaffen und Schußwirkungen, K. Sellier, Schmidt, Röhmhild, Lübeck 1969.
Exterieur Ballistics of Small Arms Projektiles, Lowry, New Haven 65.
Interior Ballistics of Small Arms Projectiles, Lowry, Garden City 68.
Handbuch der Pistolen und Revolverpatronen, Erlenmeier/Brandt, Wiesbaden 1967.

Combatschießen:
US-Army Sniper Training Manual, US-Armee, Hauptquartier 1969.
Special Forces Combat Firing Techniques, Moyer/Scroggie.
Paladin Press, Boulder Colorado 1971.
Cooper on Handguns, Guns & Ammo, Petersen, L. A. 1975.
Shooting to Live, Fairbairn/Sykes, 1942.
Der erste Treffer zählt.
Verteidigungsschießtechnik.
Combatschießtechnik, S. F. Hübner Schwend.

Journale: Deutsches Waffen Journal, Guns & Ammo, Gun World.

Fußnoten:

1 Seite 7, »Infantry Weapons« von John Weeks, Ballantine Books/London 1971.
2 Seite 216, 217 »Manchild in the promised land«, Claude Brown, New York 1966.
3 Symbiosische Befreiungsarmee, eine ominöse anarchistische Gruppe in den Vereinigten Staaten, deren politisches Programm unklar ist. Sie wurde populär durch die Entführung der Millionärstochter Patricia Hearst.
4 Wärmeballons sind aus Kunststoff und Draht hergestellte Gebilde, die Wärme ausstrahlen und so den Infrarot-Sensor der Rakete anziehen.
5 Aus dem Kapitel »Stake out« in »Target Blue«, Robert Daley, New York 1973.

ELITE-EINHEITEN

GESCHICHTE · TAKTIK · WAFFEN

Hartmut Schauer
US Rangers
Der erste zusammenfassende Report über diese Elitetruppe in Wort und Bild.
210 Seiten, 100 Abb., geb.,
39,–   Best.-Nr. **01136**

Klaus Neumann
»Glück ab« – Das Buch der Fallschirmjäger
Die Fallschirmtruppe heute: Sprung- und Grundausbildung, der Alltag in der Kaserne, im Biwak – mit der Kamera dabei.
176 Seiten, 304 Abb. in Farbe und schwarz/weiß, Großformat, geb.,
48,–   Best.-Nr. **10511**

Hartmut Schauer
Soldaten aus dem Dunkel – die US »Green Berets«
Die Spezialeinheit mit dem grünen Barett begründete einen Mythos.
208 Seiten, 46 Abb., geb.,
32,–   Best.-Nr. **01052**

Jan Boger
Elite- und Spezialeinheiten international
Wie sind die weltweit erfolgreichsten Sonderkommandos organisiert, wann und wo greifen sie ein? Ein Insider berichtet.
232 Seiten, 312 Abb., Großformat, geb.,
49,–   Best.-Nr. **01166**

Jan Boger
Combat-Training für den Ernstfall
Praxisorientierte Verhaltensregeln für den Einsatz im Feuergefecht.
236 Seiten, 242 Abb., geb.,
32,–   Best.-Nr. 10617

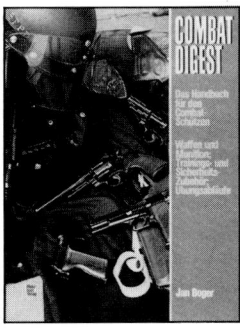

Jan Boger
Combat-Digest
Ein Leitfaden durch das Angebot an Waffen, Combat-Umbauten, Holstern und anderen Ausrüstungsteilen.
200 Seiten, 430 Abb., Großformat, brosch., **29,–**   Best.-Nr. **10993**

Der Verlag für Waffenbücher
Postfach 10 3743 · 7000 Stuttgart 10

Testen Sie VISIER

Das internationale Waffen-Magazin

VISIER bietet Ihnen in jeder Ausgabe kritische Vergleichstests von Waffen und Munition, wertvolle Tips für Sportschützen und Sammler, spannende Reportagen und faszinierende Fotos. VISIER berät, informiert und nützt auf allen Gebieten des Waffen-Hobbys.

Testen Sie doch mal VISIER. Wir schicken Ihnen gern ein kostenloses Probeexemplar. Schreiben Sie an den Pietsch + Scholten Verlag, Postfach 10 37 43, 7000 Stuttgart 10.

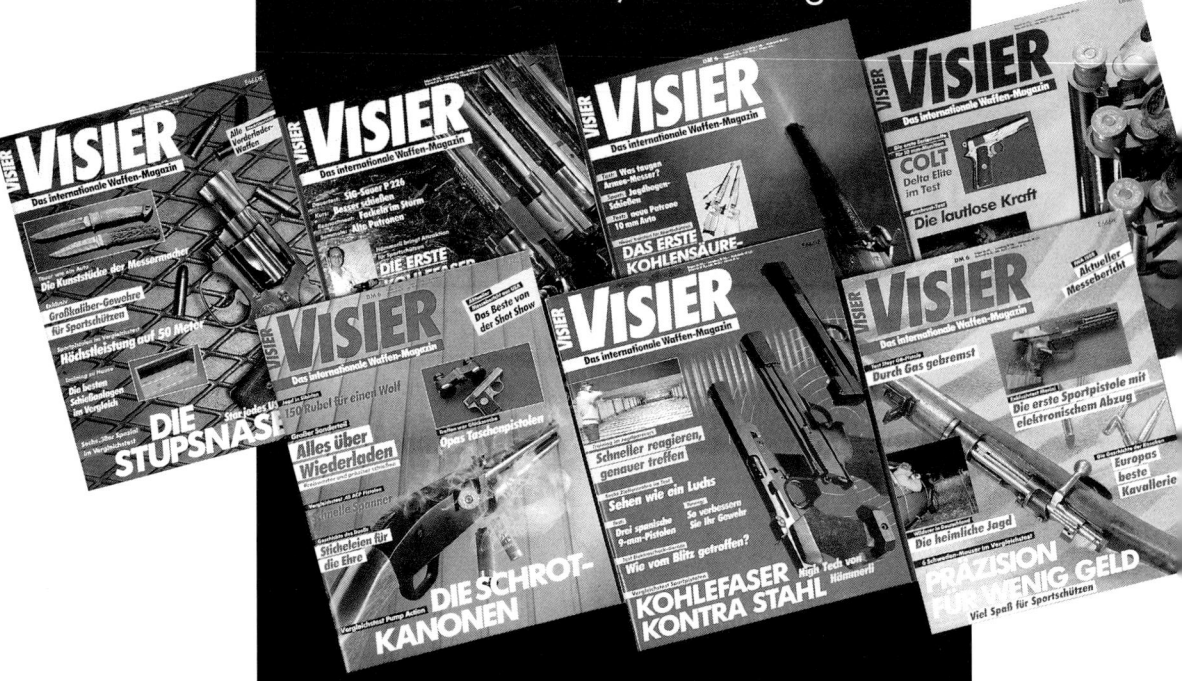